개정판

日本料理
기초일식조리

이훈희 저

ⓑ (주)백산출판사

머리말

현대 사회가 글로벌화되어가면서 우리의 음식문화도 많은 변화를 겪고 있습니다.

경제성장으로 인하여 외식산업이 발달함에 따라 고급요리로만 인식되던 日本料理가 점차 대중화되어가면서 일식조리에 대한 관심도 더불어 높아지고 있습니다.

하지만 현장에서 학생들을 지도하다보면 아직까지도 일본요리는 어렵다고 생각하여 쉽게 포기하거나 두려워하는 경우를 많이 보았습니다.

또한 각자 다른 방식의 강의로 인하여 학생들에게 혼란을 주는 경우도 있었습니다.

이에 본인은 교육현장에서의 맞춤형 교재의 필요성을 느껴 더없이 부족하지만 지난 10여년간의 호텔 실무와 다년간의 강의 경험을 바탕으로 감히 이렇게 교육용 일식조리 교재를 집필하게 되었습니다.

본 교재는 단지 실무 위주의 기능사 품목만이 아닌 전반적인 일본요리의 이해를 돕기 위하여 이론적인 부분도 강조하였습니다.

이론편에서는 일본요리의 개요, 역사, 특징, 지역별 분류, 도구, 생선 손질법, 기본다시 및 복어의 형태, 종류, 효능 등에 관하여 이론적 배경과 함께 설명하였습니다.

실기편에서는 일식조리기능사와 복어조리기능사 필기 및 실기 출제 기준과 수험자가 꼭 알아 두어야 할 유의사항 등에 대하여 설명하고 이에 따른 조리과정을 사진과 함께 자세히 설명하였습니다.

마지막 부록편에서는 일본요리에서 많이 사용되는 대표적인 식자재 명칭과 조리 용어를 한글과 일본어로 풀어서 설명하였습니다.

이 교재가 일본요리를 배우고 싶어하는 학생들에게 조금이나마 도움이 되었으면 좋겠고 교육현장에서 학생들을 위해 노력하는 여러 교수님들께 누가 되지 않기를 바랍니다.

아울러 부족한 부분들은 계속해서 노력하고 수정·보완하여 보다 완벽한 교재가 될 수 있도록 하겠습니다.

끝으로 이 책이 세상에 나오기까지 사진 작업에 수고해 주신 정희원 작가님과 처음부터 끝까지 물심양면으로 여러 도움을 주신 (주)백산출판사 임직원 여러분께 깊은 감사드립니다.

저자 드림

Part 2 실기편

Part 1

이론편

01 일본요리의 개요

아시아대륙 북동에서 남서방향으로 이어지는 일본열도를 차지하고 있는 섬나라이다. 일본은 일본열도와 홋카이도(北海島), 혼슈(本州), 시코쿠(四國), 규슈(九州)의 네 섬과 이즈제도(伊豆諸島)와 오가사와라제도(小笠原諸島), 류큐(琉球)열도 등 약 6,800여개의 크고 작은 섬들로 구성되어 있다.

수도는 동경(東京)이다. 면적 37만2313㎢, 인구 약 1억3000만 명이다. 대부분이 아시아몽고인종에 속하고, 선주민족(先住民族)으로 아이누설·코로포크설이 있으나, 최근에는 일본 석기시대 인이 현대 일본인의 조상이라는 설이 유력하다.

언어는 일본어가 통용되며, 동경어를 기반으로 하는 언어가 매스컴, 교과서, 의회, 법정 등에서 표준어로 쓰이고 있다. 그러나 지역마다 독특한 방언이 있어 지위, 직업, 성별에 따라 언어적 차이가 심하다. 역사적으로 보면 중국어의 영향을 많이 받았으나 알타이어계통에 속한다고 한다.

역사적으로 보면 일본은 1868년 메이지유신(明治維新)으로 막부정치가 끝나고 천황 중심의 중앙집권적 통치제도를 확립하여 근대자본주의를 본격적으로 도입하기 시작하였다. 1889년 제국헌법을 공포하여 입헌군주제의 기틀을 마련하였으며, 1890년 7월 제국의회가 성립되어 아시아에서 최초로 의회 제도를 확립하였다.

일본인은 두 가지 이상의 종교를 가지는 사람이 많다. 1999년 현재 종교별 신도수의 비율은 불교가 48.2%, 신도(神道 : 자연숭배·조상숭배를 기본으로 하는 일본의 고유종교로, 신사를 중심으로 발달한 신사신도가 주류)가 51.2%를 차지하여 일본의 양대 종교가 되고 있고, 그 밖에 신·구교를 합친 그리스도교가 0.6% 등이다.

일본열도는 북동에서 남서로 길게 뻗어 있고 바다로 둘러싸여 있으며 지형·기후에 변화가 많으므로 4계절에 생산되는 재료의 종류가 많고 계절에 따라 맛이 달라지며 해산물이 풍부하다.

또한 쌀을 주식으로 하고 농산물과 해산물을 부식으로 하여 형성되었는데, 맛이 담백하고 색채와 모양이 아름다우며 풍미가 뛰어나다. 그러나 이러한 면에 치우쳐서 때로는 식품의 영양적 효과를 고려하지 않는 경우도 있었는데, 제2차 세계대전 후로는 서양의 식생활의 영향을 받아 서양풍, 중국풍의 요리가 등장하게 되면서 영양면도 고려하게 되었다. 또한 일상의 가정 요리도 새로운 식품의 개발과 인스턴트식품의 보급으로 다양하게 변화하였다.

02 일본요리의 역사

일본인의 전통적인 식생활에서는 육식의 요소가 약하다고 볼 수 있다. 대표적인 일본요리인 생선회와 초밥은 쌀, 생선, 식초, 와사비의 결합에 의해서 이루어졌다. 일본민족의 음식 문화 형성은 중국 대륙의 농경문화와 남방의 해양 문화가 각기 중요한 역할을 하고 있음을 여러 요리법에 의해 알 수 있다.

일본요리는 8세기와 9세기에 걸쳐 중국으로부터 젓가락 문화와 간장이 들어오며 자연스럽게 중국의 영향을 받게 되었다. 또한 6세기경 한국에서 불교가 전해지며 육식을 자제하였고 13세기경 중국으로부터 다시 선종 불교가 들어오면서 엄한 채식주의가 강요되었다. 16세기 포르투갈에서 덴뿌라 및 감자, 토란, 고구마 같은 구근 채소 및 호박 등이 들어왔다.

주방은 일반적으로 서양의 영향을 많이 받았는데 그 중에서도 특히 프랑스의 영향을 많이 받았고 반면 채식주의는 몰락했다. 그러나 기본적인 일본음식은 지금도 초기의 형태로 남아 있다.

1338년 교토 무로마치 막부가 세워진 후 요리도 함께 발달했다. 그 당시는 외국과의 교류무역이 성행해 서양의 요리가 들어왔다. 난반요리로 통칭되는 이 요리들은 채식주의였던 일본의 식문화에 서서히 육식을 가미하기 시작했다.

하지만 서양의 문화를 그대로 받아들이기보다 일본의 식문화와 결합시켜 새로운 형태의 양식요리들을 발전시켰다. 따라서 지금도 일본의 풍토 속에서 독자적인 양념이나 조리법이 발달한 화식(和食-와쇼쿠)과 서양요리를 일본인에게 맞게 개량한 것을 가리키는 양식(羊食)이 발달하였다.

19세기 초에는 혼센요리(本膳料理), 쇼진요리(精進料理), 가이세키요리(懷石料理), 중국요리, 난반요리 등이 어우러져 일본 특유의 음식문화가 완성된 시기였다.

메이지유신 이후에는 서양요리 기술이 급속히 들어와 일본인들의 식생활에도 큰 변화가 일었으며 일본의 식생활 구조가 된 것이다.

(1) 조몬 시대(繩文時代 기원전 13000년~기원전 300년)

BC 700년~BC 3세기경으로 공동생활과 자연 채집을 하던 시기로 활과 화살을 이용한 수렵과 어로, 식물의 채취 등으로 생활을 하였다. 식물 채집이나 조리용으로 석기가 사용되었으며 농업의 흔적은 보이지 않는다. 불을 사용한 흔적은 있지만 조리기술이 발달하지 않아 주로 곡물이나 어패류, 짐승, 조류 등을 생식하는 방법이 많았다.

(2) 야요이 시대(彌生時代 기원전 3세기~서기 3세기)

청동과 철이 사용된 시기이며 처음으로 대규모 관개 시설을 사용하는 경작이 도입되며 본격적인 쌀, 보리 등이 재배되기 시작하였다. 재배된 곡물들은 주로 죽의 형태로 많이 먹었던 것으로 보인다. 농경이 발달되고 생식보다 익혀 먹는 음식들이 많아지고 동시에 주식과 부식의 구분이 생긴 때이기도 하다.

(3) 야마토 시대(大和時代 3세기 말부터 7세기 중엽)

일본 최초의 통일 정권으로 3세기 말에서 645년 6월 다이카개신(大化改新)이 일어날 때까지 일본을 지배하였다.

이 시기에 한반도와 중국 대륙으로부터 많은 사람들이 일본으로 이주하여 살기 시작하고 대륙의 선진 문화는 일본의 식생활에 도움을 주었다. 또한 농업이

촉진되면서 확실한 계급층이 형성 되었으며 식물의 가공이 시작되고 옛날식 간장이라 할 수 있는 히시오(醬) 등이 사용되었다.

(4) 나라 시대(奈良時代 710~794년)

율령국가, 천황중심의 전제국가, 중앙집권국가를 지향하던 시대이다. 이 시기에는 술이 발달하여 용도에 따라 제법이 달랐으며 건조, 절임 등의 보존식이 발달했다. 신분계층에 격차가 크게 나타났으며 당나라에서 설탕 등이 유입되며 각종 조미료와 향신료 등이 사용되었다. 또한 불교의 영향으로 살생이 금지되어 소나 돼지의 식용을 금하였던 때이기도 하다. 생선을 생식하기 시작하며 오늘날의 초밥(壽司)과 같이 생선에 밥과 소금을 섞어 발효시킨 음식도 사용되었다.

(5) 헤이안 시대(平安 時代 794~1185년)

8세기 후반부터 약 400여년에 걸쳐 일본 역사상 가장 호화로운 귀족 문화를 누리던 시대이다. 장기간 평화가 지속되어 귀족사회의 풍요로운 식문화가 성립되었으며 식사도 맛이나 영양보다는 색깔이나 모양, 장식 등 보기에 아름다운 형식을 중시한 연회식이 유행했다. 사회적 신분과 계층에 걸맞는 식사예법이 마련되어 오늘날 일본요리의 기본 틀이 형성되었고 더불어 신라, 당나라 등과의 교류가 활발해지며 여러 가지 조리법이 발달한 일본 식생활의 형성기라고 볼 수 있다. 또한 일본의 요리규범인 대보율령(大寶律令 다이호우리쓰료우)이 양노율령(養老律令 요우로우리쓰료우)에 의해 보완되어 여러 가지 의식을 행하는 방법과 요리를 만드는 방법 등 세밀하게 연회식의 규정이 완성되었다.

(6) 가마쿠라 시대(鎌倉時代 1185~1333년)

일본 역사상 최초의 무가정권(武家政權)이 탄생한 시대이다.

중국으로부터 전래된 선종(禪宗)이 확산되며 사찰에서 수행기간 중에만 먹는 정진요리(精進料理)가 고안되어 정착하게 되었다.

또한 중국의 송(宋)나라에서 차(茶)를 들여와 재배하기 시작하였다. 더불어 사찰에서 낮에 차를 마시는 습관이 일반화되며 1일 2회의 식사 외에 점심을 포함하는 1일 3식의 식사관행이 정착하게 된 시기이다.

(7) 무로마치 시대(室町時代 1338~1573년)

고대 이후 수백 년 동안 축적된 공가 문화에 선종의 영향이 강하게 반영되어 생겨난 새로운 무가(武家) 문화라 할 수 있다. 이 시대는 농업을 위시한 여러 산업이 크게 발달한 시기이기도 했는데, 사람과 우마(牛馬)의 분뇨도 비료로 널리 사용되는 등 농업 기술이 발달하였고 벼의 품종 개량도 이루어져 쌀과 보리의 이모작이 하층 농민들에게 까지 보급되었다.

또한 요리에도 여러 다양한 세력들이 등장하여 각종 요리를 만드는 방법과 기술, 칼을 사용하는 방법 같이 여러 가지 고도의 기술을 개발하며 경쟁을 함으로써 일본요리의 기술과 조리법이 도약하는 요리계의 전국시대가 시작되었다.

(8) 아즈치 모모야마 시대(安土桃山 1568~1699년)

신흥무가(武家)와 상인의 재력을 토대로 한 현실적, 인간적인 문화가 꽃피우게 된 시기이다.

이 시대에는 카마쿠라시대에서 시작된 차 마시기 풍습이 다도(茶道)라는 일본 특유의 생활문화로 완성되었으며 차를 끓이기 전에 준비하는 카이세키요리(懷石料理)가 확립되고 파를 쇠고기나 닭고기, 생선 등과 섞어서 조리하는 난반(南蠻) 요리 등이 나타나게 된다. 또한 포르투갈, 스페인 등 서양과의 무역이 활발해지면서 오늘날 일본의 대표요리 중 하나인 덴뿌라(天婦羅)가 등장한 시기이기도 하다.

(9) 에도 시대(江戸時代 1603~1867년)

도시상인의 출현으로 화폐경제가 발달하게 되면서 무사계급이 전락하게 되는 시대이며 또한 도시상인의 기호와 생활양식을 기준으로 이전의 식품조리법, 식사법을 집대성하는 일본식(和食)의 완성기를 맞게 된 시기이다. 에도(江戸)는 이전의 문화 중심지인 교토(京都)와 달리 소박하고 검소한 식생활을 하였으며 무사, 상인, 일반 백성들의 식사가 분화되며 각종 요정이나 음식점 등이 생겨났고 이들의 경쟁과 요리의 발달로 현재의 연회용 요리인 가이세키요리(會席料理)의 기초가 정립되었다.

(10) 메이지 시대 이후(明治時代 1868~현대)

일본 국민생활의 근대화를 추진시킨 메이지유신(明治維新)은 식생활에서도 크나 큰 변화를 일으켜 식품의 금기가 사라지고 영양적, 식품 위생적 지식 등이 보급됨으로써 서양풍의 식사예법 등이 일반화되는 계기를 맞게 되었다. 더불어 서양으로부터 많은 식품과 식재료들이 들어오며 양식 문화도 점차 확산되어 순수한 서양요리 외에도 개량된 새로운 서양풍 요리가 등장하게 된다. 이어 태평양전쟁 이후 쌀 부족을 해결하기 위해 가정 내의 텃밭이 장려되며 미국의 밀가루 보급으로 빵이 대중화되었다. 최근에는 고도의 경제성장으로 인한 고칼로리 저단백질 섭취로 인한 성인병이 증가하고 있다.

03 일본요리의 특징

일본요리는 일본의 풍부한 자연에서 독특하게 발달하고 일본인들이 일상 먹는 요리의 총칭이다.

일본요리는 눈으로 먹는 요리라고 할 만큼 색의 조화를 중요시하며 자연으로부터 얻은 식품고유의 맛과 멋을 최대한 살리는 조리법을 택하며 어패류를 이용한 요리가 많기 때문에 신선도와 위생을 중요시하고 요리의 양이 비교적 적으며 섬세하고 계절감이 뚜렷하다.

일본요리는 이처럼 계절적인 요리를 중요시하는데 육류, 생선, 어패류, 가금류 등을 이용하여 사시미, 초회, 조림, 구이, 튀김 등과 같이 재료의 풍미, 색, 형태 등을 살린 요리들이 있다.

조미료는 설탕, 소금, 식초, 간장, 된장, 청주 등을 주로 사용하며 일본요리의 맛의 기본이 되는 다시(出し)는 양질의 가쓰오부시와 다시마로 만든다. 또한 재료본연의 맛을 매우 중요시하며 고도의 기술을 요하는 칼의 사용법이 발달해 있다.

기물 또한 요리와의 조화를 중요시 하여 계절감을 살리며 도자기, 칠기그릇, 죽제품, 유리제품 등을 다양하게 사용한다.

또 종래의 일본요리에는 육류요리가 적은 것이 특징이었으나 1571년 포르투갈 상인들에 의해 나가사카항(長崎港)이 개항한 이래로 네널란드 등 유럽의 영향을 받았고, 제2차 세계대전 이후 미군이 일본에 주둔하면서 다시 미국의 영향을 받았다. 1964년 동경올림픽을 계기로 외국인과의 접촉이 빈번해지면서 스키야키, 샤브샤브, 돈가스, 스테이크, 철판구이 등의 육류요리가 발전하여 전통적인 습관과 식문화에 많은 변화를 가져왔다.

1. 기본 조리방법

일본요리는 5味, 5色, 5法을 기본으로 하는 조리법을 바탕에 두고 요리를 만드는데 근래에는 5味에 우마미(旨味)라는 감칠맛을 포함하여 6미(六味)로 표현한다.

① 5미(五味) : 단맛, 짠맛, 신맛, 쓴맛, 매운맛+감칠맛(旨味)

② 5색(五色) : 흰색, 검정색, 노란색, 빨강색, 파랑색

③ 5법(五法) : 날 것, 조림, 구이, 찜, 튀김

2. 조미료 사용 순서

각종 조미료는 요리의 맛을 더해주는 재료로서 감칠맛, 단맛, 신맛을 내는 재료와 촉감을 좋게 하는 재료, 풍미를 좋게 하는 재료 등으로 나눌 수 있다. 조미 순서는 입자가 큰 것에서 입자가 작은 순서로 넣는데 조미료가 침투할 때 입자가 작은 것이 빨리 침투하기 때문이다. 만약에 입자가 작은 소금을 먼저 투입할 경우 삼투압 현상에 의해 수분이 빠져나오고 재료의 표면이 굳어져 나중에 넣는 설탕이 침투하기 어렵게 된다.

사(砂糖)-시(塩)-스(酢)-세(醬油)-소(味噌)

04 일본요리의 분류

1. 지역별 분류

(1) 관동요리(關東料理)

도쿄, 요코하마, 하코네, 닛코 지역 등을 말한다.

에도요리라고도 하며 도쿄만의 옛 이름인 에도마에(江戶前)와 스미다가와(隅田川) 등에서 잡은 어패류를 사용한 요리이다. 무가(武家) 및 사회적 지위가 높은 사람들에게 제공하기 위한 의례요리가 발달하였으며 요리의 맛이 달고 짜고 자극적이며 농후한 맛을 내는 것이 특징이다.

또한 진간장을 주로 사용하며 색과 간을 강하게 하여 국물이 적은 요리가 주를 이루고 있다. 대표적인 요리로는 초밥, 튀김, 민물장어, 메밀국수 등이 있다.

(2) 관서요리(關西料理)

오카야마, 오사카, 고베, 교토 지역 등을 말한다.

가미가다 요리(上方料理)라고도 하며 역사가 길고 교토, 오사카 요리를 가리킨다.

교토요리는 바다로부터 멀리 떨어져 있으며 물이 좋아서 야채와 건어물을 사용한 요리가 발달되어 있고 오사가요리는 바다가 가깝고 어패류를 많이 접할 수 있어서 생선요리가 발달되어 있다.

관동요리에서는 진간장을 주로 사용하는 반면 관서요리에서는 연 간장을 주로 사용하여 재료의 맛과 형태를 최대한 살리는 연한 맛과 국물이 많은 것이 특징이다.

2. 형식적 분류

(1) 본선요리(本膳料理 ほんぜんりょうり)

관혼상제의 경우에 정식으로 차리는 의식 요리를 말한다.

식단은 국과 요리의 수에 따라 구분하는데 1즙3채(一汁三菜), 2즙5채(二汁五菜), 3즙7채(三汁七菜) 등을 기본으로 하며, 1즙5채(一汁五菜), 2즙7채(二汁七菜) 3즙9채(三汁九菜) 등으로 변형되기도 하는데 여기에서 즙(汁)은 국을 뜻하며 채(菜)는 반찬을 뜻하는 말이다. 이와 같은 형식이 갖추어진 것은 에도 시대이며, 메이지 시대에 와서 민간에까지 일반화되었다.

각각의 손님마다 상(膳)이 따로 차려지는데 상이나 음식을 놓는 위치가 정해져있다. 이처럼 본선요리는 그 차림에 있어서 엄격한 예법에 따르는데 상차림과 먹는 방법이 복잡하여 요즈음에는 상당부분 간소화되었으며 지금의 가이세키요리(會席料理)의 기본이 되는 상차림이다.

* 3즙7채의 상차림

- **첫째 상-혼젠(本膳)**

  크기가 가장 크고 중앙에 나오는 기본상으로 미소시루(味噌汁), 고항(御飯), 니모노(煮物), 고노모노(香の物), 사시미(刺身)로 구성된다.

- **둘째 상-니노젠(二の膳)**

  스마시지루(淸まし汁), 아에모노(和え物), 니모노(煮物), 스노모노(酢物) 등으로 구성된다.

- **셋째 상-산노젠(三の膳)**

  혼젠과 니노젠에서 제공되지 않은 다른 종류의 국물요리와 아게모노(揚物),

니모노(煮物), 사시미(刺身)로 구성된다.

- **넷째 상-요노젠(四の膳)**

  야키모노(燒物)를 올리는데 보통은 통으로 구운 생선인 스가타야끼(統燒)
  가 제공된다.

- **다섯째 상-고노젠(五の膳)**

  손님이 가지고 갈 수 있도록 다이히키(台引)라는 선물용 모둠요리를 낸다.
  보통 술안주나 생과자와 같이 물기가 적은 것을 준비한다.

3. 회석요리에 대하여

(1) 차 회석요리(茶懷石料理 ちゃかいせきりょうり)

차를 대접하기 전에 내는 간단한 음식을 말한다.

회석(懷石)의 유래는 선종이 수업 중 한기와 공복을 견디어 내기 위하여 따뜻
하게 한 돌을 품에 지녔는데 이처럼 1즙1채(一汁一菜), 1즙3채(一汁三菜) 등 배
고픔을 견디는 정도의 가벼운 식사라는 의미로 차를 마실 때 행하는 식사를 말한
다. 차를 대접하기 전에 가벼운 식사를 하는 것은 차를 맛이 있게 마시도록 하고
또 공복 시에 자극적인 것을 피하기 위한 것이다.

(2) 회석요리(會席料理 かいせきりょうり)

에도시대부터 이어져온 연회용 정식요리이다. 일본의 정식요리인 본선요리(本
膳料理)를 간단하게 변형한 것이다. 결혼식이나 공식연회 또는 손님을 접대할 때
사용한다. 식단의 형태는 국과 생선회를 먼저 차리고 다음 요리를 차례로 낸다.

보통 1즙3채(一汁三菜), 1즙5채(一汁五菜), 2즙5채(二汁五菜)를 이용한다.
요리는 손님의 취향에 맞추어 계절에 어울리는 것으로 준비하며, 각 음식마다 일
본요리의 5법에 맞게 서로 같은 재료, 같은 요리법, 같은 맛이 중복되지 않도록
구성하는 것이 중요하다. 또한 음식의 맛과 색, 모양을 감안하여 요리하고, 그릇

에 담을 때도 그릇의 모양과 재질까지 고려하여야 한다.

✱ 회석요리(會席料理)의 구성

① 先附(せんすけ), 小附(ごすけ) : 진미

② 前菜(ぜんさい) : 전채요리

③ 吸物(すいもの), 椀(わん) : 맑은 국

④ 刺身(さしみ), 造り(づくり) : 생선회

⑤ 煮物(にもの) : 조림

⑥ 燒物(やきもの) : 구이요리

⑦ 揚物(あげもの) : 튀김요리

⑧ 強肴(しいざかな) : 술을 권할 때 내는 요리

⑨ 酢物(すのもの) : 초회

⑩ 止椀(どめわん) : 그치는 국물요리–보통은 일본식 된장국이 제공됨

⑪ 食事(しょくじ) : 식사 또는 면 요리

⑫ 甘味(あまみ) : 후식

(3) 정진요리(精進料理 しょうじんりょうり)

일본의 사찰 요리로서 육류나 어패류 등 동물성 재료를 사용하지 않고 곡물이나 채소 등의 식물성 재료와 해조류를 사용한 요리이다.

불교에서 수행 중 잡념을 버리고 정신을 수양한다는 뜻으로 음식도 하나의 수행이라는 선의 정신을 근거로 한 식사법이다.

05 일본요리 도구

1. 일본 조리도

(1) 조리도의 특징

일본요리에 사용되어지는 칼의 종류는 수십 가지가 있다.

대부분의 일본 조리도는 한쪽 날(片刀)로 되어 있는데 일반적으로 한쪽 날(片刀)의 칼이 재료를 얇게 깎거나 자를 수 있어 재료를 절삭함에 있어서 보다 절단면이 매끄럽고 깨끗하기 때문이다.

일본 조리도는 다른 분야의 조리도에 비해 폭이 좁고 긴 것이 많으며 일본요리의 특성상 생선을 조리하기에 적합한 칼들이 많이 발달하였다.

이처럼 일본요리는 칼에서 시작하여 칼로 마무리되는 음식이라 할 수 있다. 때문에 조리사가 얼마나 자신의 도구를 잘 다루고 관리하는가 하는 것은 그 조리사의 기본적인 정신 자세를 판가름할 수 있는 중요한 부분이라고 볼 수 있다.

(2) 칼의 종류와 용도

① 생선회 칼(刺身包丁 さしみぼうちょう)

생선회를 자를 때 사용하는 칼이다.

칼끝이 뾰족하게 생겼으며 칼날이 버들잎 모양을 닮았다 하여 야나기보우쵸(柳包丁)라고도 불리운다. 원래는 관서지방형 칼이었으나 근래에는 지역 구분 없이 가장 대표적으로 널리 사용된다. 관동지방형은 다꼬히키보우쵸(蛸引包丁)라 하여 끝이 뭉툭하며 야나기보우쵸에 비해 날이 얇은 것이 특징으로 요즈음은 복어 회를 썰 때 주로 사용한다. 사시미 칼은 다른 칼들에 비해 비교적 가늘고 긴 것이 특징이며 칼날의 경우는 보통 27~30cm를 가장 선호한다. 칼을 갈 때에는 중간 숫돌(中砥)에서부터 마무리 숫돌(仕上げ砥)로 갈아준다.

관서형 칼(やなぎぼうちょう)

관동형 칼(たこひきぼうちょう)

② 데바 칼(出刀包丁 でばぼうちょう)

생선의 포를 뜨거나 뼈를 자를 때 사용하는 칼이다. 칼의 종류는 여러 가지가 있지만 일반 칼에 비해 칼등이 두껍고 무게가 나가는 것이 특징이다.

칼을 갈 때는 일반적으로 굵은 숫돌(荒砥)에 갈아준다.

③ 야채 칼(薄刀包丁 うすばぼうちょう)

주로 야채를 돌려깎기 할 때 사용한다. 칼날이 얇기 때문에 단단한 재료에는 사용하지 않는다. 칼을 사용할 때는 당기지 말고 밀면서 잘라야 한다.

우스바보우쵸(薄刀包丁)도 관동형과 관서형으로 나뉘는데 관동형은 끝이 뭉툭하며 관서형은 끝이 둥그스름한 것이 특징이다.

이밖에도 장어를 손질할 때 사용하는 우나기보우쵸(鰻包丁), 면을 자를 때 사용하는 소바기리(そば切り), 초밥을 자를 때 사용하는 스시기리(すし切り) 등이 있다.

2. 숫돌의 종류 및 사용방법

숫돌의 종류는 입자가 거친 순서부터 굵은 숫돌(荒砥), 중간 숫돌(中砥), 마무리 숫돌(仕上げ砥)로 나뉘어진다. 또한 천연 숫돌과 인조 숫돌로 나눌 수 있는데 천연 숫돌은 화산재가 수천 년 동안 침식되며 굳어져 만들어진 것이다. 그렇기 때문에 인조 숫돌처럼 입자의 크기로 종류를 나누는 것이 아니라 얇아질수록 부드러운 숫돌이 된다. 또한 사람이 직접 채취하는 것이기 때문에 그 가격이 상당히 고가이며 재질이 균일하지 않고 채굴을 함에 있어서도 한계가 있기 때문에 요즈음에는 인조 숫돌을 널리 사용하고 있다.

(1) 굵은 숫돌(荒砥 あらいし, #220)

입자가 굵고 거칠어 칼날이 크게 손상되었거나 처음 연마를 할 때 사용한다.

(2) 중간 숫돌(中砥 なかいし, #1000)

숫돌의 입자와 단단함이 중간 정도이며 굵은 숫돌로 초벌 연마를 한 뒤 잘리는 거친 칼의 면을 부드럽게 할 때 사용한다.

(3) 마무리 숫돌(仕上げ砥 しやげいし, #3000 이상)

중간 숫돌로 칼날을 연마한 후 더욱 정교하게 연마할 때 사용하며 #4000 이상의 숫돌은 칼날의 미세한 흠집 등을 제거하며 보다 광택을 더해줄 때 사용한다.

(4) 숫돌의 사용 방법

① 숫돌을 사용하기 전에 미리 물에 10~20분간 담가 충분히 물을 흡수시켜주고 칼을 가는 중간에도 계속해서 물을 적셔주어야만 지분이 생겨 부드럽게 갈린다.

② 숫돌 받침대나 젖은 행주를 깔아 숫돌이 밀리지 않도록 고정시켜 준다.

③ 숫돌을 사용하고 난 후에는 평평한 바닥이나 조금 거친 숫돌로 면 고르기를 해 준다.

④ 사용이 끝난 숫돌은 깨끗이 닦아 보관한다.

(5) 칼 가는 방법

① 칼날을 앞으로 향하게 놓고 숫돌에 약 45도 각도로 밀착시켜 놓는다.

② 양쪽 다리를 어깨넓이로 벌리고 오른쪽 다리를 뒤로 조금 뺀 다음 상체를 앞으로 살짝 숙여 자세를 고정시킨다.

③ 오른손으로 칼의 손잡이를 잡고 왼손으로 칼날을 살포시 눌러 흔들리지 않도록 고정시킨다.

④ 칼날 쪽을 갈 때는 밀면서 힘을 주고 반대편은 당길 때 힘을 준다. 이때 앞날과 뒷날의 비율은 9 : 1 정도로 갈아준다.

⑤ 잘 갈린 칼은 마무리 숫돌로 부드럽고 광택이 나도록 연마해 준다.

⑥ 다 간 후에는 손잡이 부분까지 깨끗이 닦고 칼날은 숫돌 냄새가 나지 않도록 무나 레몬으로 깨끗이 닦은 후 마른 행주로 물기를 완전히 제거한다.

앞날을 갈 때 뒷날을 갈 때

3. 일본의 조리도구

(1) 알루미늄 냄비(アルミニウム鍋)

가볍고 열전도가 빨라 사용하기 편한 장점이 있다. 반면에 산이나 알칼리, 고온에 약하다는 단점이 있다. 때문에 산성이나 알칼리성에 내성을 강화하기 위하여 표면에 산화막을 입힌 알루마이트 가공 처리를 하기도 한다.

(2) 철 냄비(鐵製 でつなべ)

스키야키나 튀김냄비에 주로 사용되는 것으로 두께가 있어 튼튼하며 열전도 및 보온력이 비교적 뛰어나지만 녹슬기 쉽고 철 특유의 냄새가 나는 것이 단점이다.

하지만 뜨겁게 달궈 물로 잘 씻은 후 건조하여 기름을 얇게 발라두면 어느 정도 단점을 보완할 수 있다.

(3) 토기냄비(土器 どなべ)

흙으로 구운 것으로 열전도가 좋고 보온력이 우수하다.

사용하기 전 쌀뜨물에 담가 놓거나 끓는 물에 은

근히 끓여주면 토기냄비 특유의 냄새가 없어지고 강도도 증가된다.

(4) 찜통(蒸し器 むしき)

증기를 이용하여 재료에 열을 가하는 데 사용된다.

보통 스테인리스 재질이나 목재를 사용하는데 근래에는 보관이나 관리의 어려움 때문에 목재보다 스테인리스 재질의 찜통을 널리 사용한다.

(5) 튀김 냄비(揚鍋 あげなべ)

기름의 온도를 일정하게 유지시키기 위해 두껍고 깊이가 있으며 바닥이 평평한 것이 좋다.

(6) 덮밥 냄비(丼鍋 どんぶりなべ)

소고기덮밥이나 닭고기덮밥 등 여러 덮밥을 만들 때 사용한다.

보통 1인분 양을 담을 정도로 되어 있어 조리하기가 편하고 밥 위에 재료를 올릴 때 형태를 유지할 수 있어 편리하다.

(7) 계란말이 냄비(卵燒鍋 たまごやきなべ)

다시마끼나베 라고도 한다. 동(銅)으로 된 제품을 사용하는 것이 좋으며 직사각형 형태의 것을 선택하는 것이 좋다.

(8) 집게(やっとこ)

손잡이가 긴 집게라는 뜻으로 보통은 자루가 없는 냄비를 집을 때 사용한다.

(9) 초밥 버무림 통(半切り はんぎり)

초밥용 밥을 배합 초와 버무릴 때 사용하는 것으로 대부분 히노키(檜木)라는 노송나무를 사용하여 만든다. 사용 시에는 물을 한 번 흡수시켜 주어야만 밥알이 달라붙는 것을 방지하고 배합초가 나무에 흡수되는 것을 막아준다.

(10) 조림용 뚜껑(落蓋 おとしぶた)

조림요리를 할 때 사용하는 것으로 냄비의 직경보다 약간 작은 것을 사용하여 재료를 덮어줌으로써 국물이 재료 전체에 골고루 스며들게 하는 역할을 한다. 나무로 되어 있는 것이 좋으나 요즘은 스테인리스 재질에 크기 조절이 가능한 것도 있다.

(11) 비늘치기(鱗引き うろこひき)

생선의 비늘을 제거할 때 사용하는 기구이다.

(12) 김발(巻き簾 まきす)

김초밥이나 삶은 채소 등을 말 때 사용하는 것이다.

'교우스다레'라고 하여 얇은 대나무로 만든 것과 굵은 대나무로 안쪽이 삼각형으로 되어 있는 오니스다레(鬼簾)가 있다.

(13) 뼈 제거기(骨拔 ほねぬき)

생선의 작은 가시를 발라 낼 때 사용하는 기구이다.

(14) 강판(卸金 おろしがね)

주로 무나 와사비, 생강 등을 갈 때 사용한다.

옛날에는 판자에 대나무를 촘촘히 찔러 만들었으나 요즘은 스테인리스나 동, 알루미늄 등으로 만든 것이 대부분이다. 한쪽은 돌기가 굵으며 반대쪽은 가늘고 촘촘하다. 굵은 쪽은 무나 생강 등을 갈 때 사용하고 가는 쪽은 와사비를 갈 때 사용하면 좋다.

사이가 촘촘하므로 사용 후에는 꼬챙이를 이용하여 이물질을 완벽히 제거하여 보관하여야 한다.

상어껍질 강판

일반 강판

(15) 나무 종이(薄板 うすいた)

나무를 종이처럼 얇게 깎은 것을 말한다. 포른 뜬 생선을 감싸 보관하거나 각종 요리의 장식에 많이 사용된다.

(16) 절구, 봉(擂鉢, 擂分木 すりばち, すりこぎ)

산마 등을 곱게 갈기도 하며 깨, 생선살 등을 갈거나 으깨는데 사용하는 도구이며 흙으로 만들어 구운 것으로 안쪽에는 빗살무늬 같은 홈이 있다. 스리코기는 나무 봉으로 재료를 짓이기거나 섞어줄때 사용하다.

(17) 굳힘 틀(流し箱 ながしばこ)

양갱이나 여러 가지 굳힘 요리를 할 때 사용하는 것으로 정사각형에 이중으로 되어 있어 굳힌 요리를 빼내기 쉽게 되어 있다. 나가시캉이라고도 한다.

(18) 누름 틀(押し箱 おしばこ)

상자초밥을 만들 때 눌러서 형태를 만드는 도구로서 사각형 상자와 모양을 찍어 내는 틀의 두 종류가 있다. 보통은 목재로 되어 있으며 재료를 넣고 초밥용 밥을 넣어 뚜껑을 누르면 모양이 잡힌 초밥이 된다. 사용 전에는 물로 적셔 주어야 밥알이 달라붙는 것을 방지할 수 있고 스테인리스나 합성수지로 만든 것도 있다.

(19) 체(裏漉し うらごし)

가루를 내리거나 거를 때 사용하는 도구이다.

원형의 나무판에 망을 씌운 것으로 체의 크기나 망의 굵기가 다양하다. 요즘은 스테인리스로 된 것을 많이 사용한다.

(20) 꼬치(串 ぐし)

주로 생선구이에 사용하는 것으로 스테인리스 재질의 쇠 꼬치와 대나무로 만든 꼬치가 있다. 굵기와 길이가 다양함으로 용도에 맞게 골라 써야 한다.

(21) 모양 틀(拔形 ぬきがた)

채소 등의 재료를 눌러서 모양을 찍어내는 도구로 그 형태는 다양하며 원하는 모양과 크기 등을 맞추어 사용한다.

(22) 젓가락(箸 はし)

요리를 만들거나 반찬을 각자의 접시에 덜 때 쓰는 긴 젓가락으로서 대나무 제품인 사이바시(菜箸)와 금속 재질로 만들어진 가나바시(金箸)의 두 종류가 있다.

사이바시

가나바시

(23) 고무주걱(ゴムバラ)

그릇에 남아 있는 재료를 긁어모을 때 사용하는 도구이다.

(24) 붓(刷毛 はけ)

요리에 양념장을 바르거나 재료에 가루를 묻힐 때 또는 털어낼 때 사용하는 도구이다.

(25) 거품기(泡立て器 あわたてぎ)

거품을 내거나 재료를 골고루 혼합할 때 시용하는 도구이다.

(26) 뒤집게(一文字 いちもんじ)

　　젓가락으로 뒤집기 힘든 부드러운 음식이나 큰 재료를 뒤집을 때 사용하는 스테인리스 재질로 만든 넓고 평평한 일족의 주걱이다.

(27) 거름 망(網 あみ)

　　그물이란 뜻으로 국물이 있는 재료를 건져내거나 튀김의 재료를 건져낼 때 사용하는 도구이다.

06 일본요리의 기본 채소썰기

1. 기본 썰기

일본요리에서는 각각의 재료나 조리방법에 따라 자르는 방법이 다양하다. 각각의 특성에 따라 맛과 모양, 그리고 조리를 함에 있어서의 편리함을 고려하여 써는 방법을 결정하여야 한다. 또한 썰기를 하는 방법에는 칼의 어느 부분을 사용하느냐와 밀어서 썰어야 할지 당겨서 썰어야 할지를 구분하여야 한다. 같은 조리법에 같은 재료라 하더라도 어떠한 기물을 선택하여 담느냐에 따라 써는 방법을 달리 하여야 한다.

(1) 둥글게 자르기(輪切り わぎり)

당근이나 무 같이 둥근 모양의 재료를 그대로 자르는 방법이다.

(2) 반달모양 자르기(半月切り はんげつぎり)

둥글게 자른 것을 다시 반으로 자른 모양이다.

(3) 은행잎 자르기(銀杏切り いちょうぎり)

둥근 재료를 십(十)자형으로 자른 것으로 은행잎 모양을 닮아 붙여진 명칭이다.

(4) 어슷 자르기(斜切り ななめきり)

대파나 오이 같이 긴 재료를 어슷하게 써는 방법이다.

(5) 사각 자르기(拍子切り ひょしきぎり)

재료를 4~5cm의 길이에 1cm 정도 두께의 사각 막대 모양으로 자르는 방법이다.

(6) 사각 채 자르기(短冊切り たんざくぎり)

당근이나 무를 높이 1cm, 폭 4~5cm 정도로 얇게 자르는 방법이다.

(7) 두껍게 채 썰기(千六本切り せんろっぽんぎり)

재료를 성냥개비 두께 정도로 채 써는 방법이다.

(8) 채 썰기(千切り せんぎり)

재료를 4~5cm 정도 길이로 잘라 가늘게 채 써는 방법이다.

(9) 바늘 썰기(針切り はりぎり)

김이나 생강 등을 바늘처럼 가늘게 채 써는 방법이다.

(10) 주사위 모양 자르기(采の目切り さいのめぎり)

재료를 사방 약 1cm 정도의 주사위 모양으로 써는 방법이다.

(11) 잘게 자르기(霰切り あられぎり)

재료를 사방 0.5cm 정도 크기로 자르는 방법이다.

(12) 곱게 자르기(微塵切り みじんぎり)

채 썬 재료를 곱게 다지듯이 자르는 방법이다.

(13) 마구 썰기(亂切リ らんぎり)

재료를 돌려가며 비스듬히 써는 방법이다.

(14) 연필 깎기(笹缺 ささがき)

주로 우엉에 많이 사용하는 방법으로 재료를 연필 깎듯이 손으로 돌려가며 대나무 잎 모양으로 깎는 방법이다.

(15) 돌려 깎기(桂剝 かつらむき)

무, 당근, 오이 등의 둥근 재료를 돌려가며 얇게 깎는 방법이다.

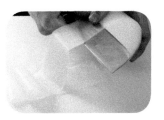

(16) 면 다듬기(面取リ めんとり)

당근이나 무와 같이 각 썰기 한 재료를 조리거나 삶을 때 부서지지 않게 하기 위해 모서리 부분을 다듬는 방법이다.

2. 각종 모양썰기

(1) 무갱

무갱은 일식조리기능사 실기메뉴 중 생선모둠회에 나오는 조리법이다. 무를 왼손에 쥐고 오른손으로 사시미칼로 무의 겉면을 돌려 깎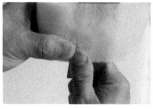

으면서 가늘고 길게 채를 써는 기술이다. 무갱을 할 때 양 손의 엄지가 서로 마주보게 잡고 눈은 위쪽을 주시하며 오른손 엄지의 감촉을 동시에 살피면서 최대한 길게 돌려 깎기하는 것이 포인트이다.

(2) 오이왕관

오이왕관은 일식조리기능사 실기메뉴 중 생선모둠회에 나오는 조리법이다. 오이를 5cm 길이로 자른 후 반을 갈라서 도마에 놓고 끝이 0.5cm가 남도록 하며 0.2cm 간격으로 4번의 칼집을 넣어 잎이 5개 생기도록 한다. 우선 모양 낸 오이를 소금물에 살짝 절인 후 2번과 4번을 3번 방향으로 꺾어서 찬물에 담궈둔다.

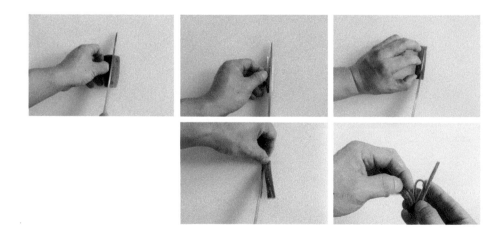

(3) 오이소나무

오이왕관은 일식조리기능사 실기메뉴 중 생선모둠회에 나오는 조리법이다. 오이를 7cm 정도로 잘라서 반을 가른 후 도마에 놓고 세로로 촘촘히 깊이 0.3cm 정도로 일정하게 넣는다. 오이를 90° 방향으로 돌리고, 사시미칼로 밀고 당기는 방식으로 썰어서 소나무잎을 4개 만들어 완성한다.

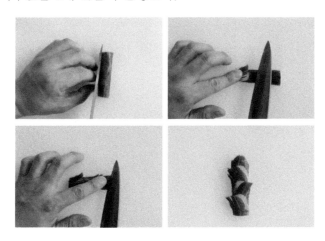

(4) 당근나비

당근나비는 일식조리기능사 실기메뉴 중 생선모둠회에 나오는 조리법이다. 당근을 동그랗게 두께 2cm 크기로 자른다. 둥근 당근에서 1/3 부분을 잘라버리고 잘린 단면이 밑으로 오게 하며 위에서 아래로 최대한 얇게 저미며 끝이 0.2cm 정도 남도록 하고 하나를 더 저미며 날개 2개를 만든다. 앞쪽에 지느러미를 완성하고 바로 뒤에 반대로 칼집을 넣어서 나비가 펼쳐지도록 한다.

(5) 당근매화꽃

당근을 지름 4cm 크기로 토막을 낸 뒤에 5각형으로 다듬어 준비한다. 5각형의 각
면의 중간에 0.5cm 정도 세로로 칼집을 넣은 후 각진 부분에서 정중앙에 칼집을 넣
은 부분으로 타원형으로 칼집을 넣어서 깎아버린다. 둥글게 다듬어진 각각의 잎무
늬의 1/3 정도 지점에서 끝까지 비스듬히 칼로 도려내어 매화꽃의 입체감을 살려낸
다. 끓는 물에 소금을 넣고 데쳐서 찬물에 헹군 후 1.5cm 정도의 두께로 썰어서 완
성한다.

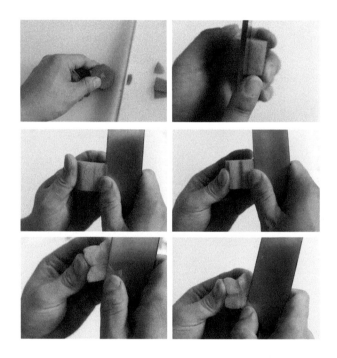

(6) 오이자바라

오이자바라는 일식조리기능사 실기메뉴 중 문어초회, 해삼초회에 나오는 조리법
이다. 오이를 7cm 정도로 통으로 썰고, 껍질 쪽을 살짝 다듬어 칼을 45° 어슷하게
기울이고, 칼끝을 도마에 고정시키며 칼의 뒷부분을 내려서 밑에 0.7cm만 남도록
오른쪽에서 왼쪽으로 썰어 나간다. 다음으로 오이를 앞으로 180° 돌려서 처음과 똑
같은 자세와 위치에서 다시 칼집을 넣어 준다.

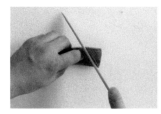 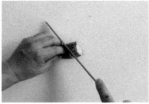 

(7) 무은행잎

무은행잎은 일식조리기능사 실기메뉴 중 냄비요리와 술찜요리에 빈번이 나오는 조리법이다. 두께 3cm의 반원형 무를 부채꼴 모양으로 2등분하여 자른 후 정중앙에 깊이 1cm 정도로 칼집을 세로로 넣는다. 양쪽 끝부분에서 정중앙으로 타원형을 그리면서 도려낸다. 끓는 물에 데쳐 내어 찬물에 충분히 식힌 후 1cm 간격으로 3등분하여 완성한다.

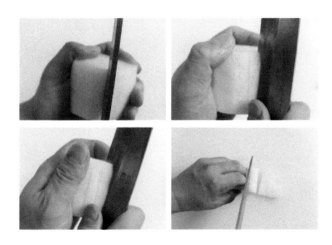

(8) 무초담금

무초담금은 일식조리기능사 실기메뉴 중 삼치소금구이에 나오는 조리법이다. 무를 두께 2cm 정도로 자른 후 밑을 0.5cm 정도 남겨두고 십자모양으로 아주 곱고 촘촘히 칼집을 넣는다. 소금, 식초, 설탕물에 뒤집어서 절인 후 사방 1.2cm로 썰어 칼집을 넣은 부분들이 활짝 펼쳐지도록 하여 4개를 완성한다.

(9) 우엉사사가끼

우엉사사가끼는 일식조리기능사 실기메뉴 중 전골냄비(스끼야끼)에 나오는 조리법이다. 우엉의 껍질을 칼등으로 제거한 뒤 찬물에 담군 후 우엉 표면에 촘촘히 0.3cm 정도 깊이로 칼집을 넣는다. 우엉의 끝을 쇠젓가락으로 고정한 뒤 비스듬하게 세워 사시미칼로 밀어가면서 썰어 바로 찬물에 담궈 갈변현상을 최대한 억제한다.

07 생선 및 식자재 명칭

일본은 바다로 둘러싸여 있어 해산물이 풍부하고 그를 이용한 여러 조리방법들이 발달한 나라이다. 역사적으로 육식을 금하던 시기가 있기도 했지만 섬나라 특성상 자연스레 어패류를 이용한 요리가 발달되었으며 우리가 흔히 알고 있는 생선회나 생선초밥, 구이, 찜 등이 그 대표적인 예라 할 수 있다.

또한, 우리나라와 같이 생선을 절이거나 건조시키고, 발효시켜 조미료의 형태로도 사용되고 있다. 일찍이 서구사회의 문물을 받아들여 육류를 이용한 음식이 대중화되어 있음에도 현재 일본을 대표하는 요리는 어패류를 중심으로 한 것들이 더욱 많은 것도 이와 같은 이유일 것이다.

✽ 신선한 어패류의 선택 방법

① 생선

눈이 맑고 튀어나왔으며 살을 눌러 보았을 때 탄력이 있어야 한다. 또한 배 쪽이 단단하고 비늘이 잘 붙어 있어야 하며, 아가미가 선홍색을 띠며 비린내가 심하지 않은 것이 좋다. 생선은 본래 약간의 점액질을 가지고 있는데 그 점액질이 투명하며 생선이 가지고 있는 본연의 색을 잘 유지하고 있는 것을 선택하여야 한다.

② 패류

냉장·냉동 기술의 발달로 사시사철 냉동 상태의 패류를 쉽게 구할 수 있지만 되도록 생물을 사용하는 것이 좋다.

신선한 조개는 서로 두드려 보았을 때 맑은 차돌 소리가 나는 것이 좋고 껍질을 제거하고 살을 눌렀을 때 수축이 빨리 되는 것이 좋다. 또한 살이 두툼하고 선명하며 탄력이 좋아야 한다. 조개류는 여러 개 중 한 개만 상하여도 심한 악취가 나므로 하나하나 냄새를 맡아가며 고르고 모래나 뻘을 머금고 있는 경우가 많으므로 항상 3% 정도의 소금물에 해감시켜 사용하도록 한다.

1. 각종 생선별 명칭

(1) 도미(鯛, たい)

농어목 도미과로 몸은 일반적으로 담홍색이며 육질은 백색으로 맛은 담백하다. 지느러미가 길게 뻗어 있어 아름다우며 일본인이 가장 좋아하는 생선이기도 하다.

(2) 광어(平目, ひらめ)

가자미목 넙치과로 깊은 바다에 살며 눈은 좌측에 있다. 살은 흰색이며 생선회와 구이에 주로 이용한다.

(3) 은어(鮎, あゆ)

바다빙어목 바다빙어과의 민물고기이다. 맑은 물을 좋아하며, 어릴 때 바다로 나갔다가 다시 하천으로 돌아오는 회귀성 어류이다. 주

로 회나 소금구이 등으로 많이 먹는다.

(4) 대구(鱈, たら)

대구목 대구과의 바닷고기로 머리가 크고 입이 커서 대구(大口)라고 부른다. 비린 맛이 없고 담백하며 살이 부드럽다. 주로 냄비요리에 사용된다.

(5) 고등어(鯖, さば)

농어목 고등어과의 바닷고기이며 몸은 길고 방추형으로 약간 측편되어 있다.

길이는 20~50cm까지 자라며 육질의 색은 붉은색으로 살의 조직력과 맛이 좋

으며 구이나 조림으로 많이 사용하며 신선한 경우에는 회로 먹기도 하고 식초에 절여 먹기도 한다.(締鯖 시메사바)

(6) 연어(鰱, さけ)

연어목 연어과의 대표적 회귀성 어류이다. 산란기가 다가오면 자신이 태어난 강으로 거슬러 올라간다. 살은 담홍색을 띠며 매우 부드럽다. 주로 생선회나 구이로 사용된다.

(7) 학꽁치(針魚, さより)

동갈치목 학꽁치과의 바닷고기로 입이 길게 튀어나와 있는 것이 특징이다.

작고 통통한 것이 맛이 좋으며 주로 구이나 회로 사용되며 살짝 말려 구워 먹어도 일품이다.

(8) 방어(鰤, ぶり)

　농어목 전갱이과의 어종으로 등 쪽은 어두운 청색, 배 쪽은 은백색을 띠고 있으며 몸 중앙에 길게 황색 띠가 있다. 온대성 어류로 1m 이상까지도 자라며 기름지고 부드러워 생선회나 조림, 간장구이 등에 많이 사용된다.

(9) 삼치(鰆, さわら)

　농어목 고등어과에 속하는 바닷고기로 고등어, 꽁치 등과 함께 대표적인 등푸른 생선이다. 또한 고등어에 비해 수분이 많고 살이 부드러우며 주로 구이로 많이 사용된다.

(10) 병어(鯧, まなかつお)

　농어목 병어과로 몸이 납작하며 빛깔이 청색과 반짝이는 은색을 띤다.
　맛이 담백하여 신선한 것은 생선회로 먹기도 하고 주로 구이로 많이 사용된다. 된장에 재워두었다 구우면 그 향과 맛이 매우 좋다.

(11) 쥐치(皮剝, がわはぎ)

　복어목 쥐치과의 바닷고기로 몸 색은 회갈색이고 흑갈색의 작은 얼룩을 가진다. 피부는 딱딱하나 뼈는 연하여 통째로 썰어 회로 먹으며 넓게 펴서 말린 것이 우리가 흔히 먹는 쥐포이다.

(12) 문어(鮹, たこ)

　다리가 8개 달린 연체동물로 바다 밑에 서식하며 연체동물과 갑각류 등을 먹고 사다. 또한 타우린이 풍부하여 다양한 요리에 사용되며 살짝 데쳐 먹거나 볶음 등의 요리에 사용된다.

(13) 민물장어(鰻, うなぎ)

뱀장어목 뱀장어과에 속하는 민물고기로 장어류 중 유일한 회귀성 어류이다. 영양가가 높아 스테미너에 좋으며 주로 양념구이나 덮밥, 튀김 등의 형태로 많이 먹는다.

(14) 농어(鱸, すずき)

농어목 농어과의 바닷고기로 자라면서 이름이 바뀌는 출세어이다. 어떤 한 쪽으로 편향된 성질이 없어 생선회에서부터 조림, 구이, 냄비요리 등에 다양하게 사용되는 여름철 대표 생선이다.

(15) 성게알(雲丹, うに)

5~6월이 산란기이며, 봄에서부터 여름까지가 제철이다. 암·수 판별이 어려우며 효소를 많이 함유하고 있어 알코올 해독에 좋다. 날로 먹는 것이 대부분이며 초밥용 재료로 많이 사용되고 있다.

(16) 보리새우(車海老, くるまえび)

십각목 보리새우과의 갑각류이다. 물 속에서 헤엄칠 때 다리의 모습이 수레바퀴같다고 하여 붙여진 이름이다. 칼슘이 풍부해 골다공증에 좋고 날로 먹기도 하지만 튀김요리의 최고의 재료 중 하나로 꼽힌다.

(17) 가다랑어(鰹, かつお)

농어목 고등어과의 바닷고기로 주로 태평양, 인도양, 대서양의 따뜻한 바다에 서식한다. 단백질이 풍부하고 열량이 낮으며 주로 타다키의 형태로 요리하

여 먹는다. 또한 일본요리에서 국물을 낼 때 가장 중요한 가쓰오부시가 가다랑어를 쪄서 말린 것이다.

(18) 정어리(鰯, いわし)

오메가3, 비타민, 무기질 등이 풍부하며 뼈와 살이 연하기 때문에 구이나 조림으로 많이 사용한다. 또한 혈전이 생기는 것을 막아 혈액 순환에 도움을 주는 EPA가 등푸른 생선 중 최고 수준으로 각종 성인병 예방에 좋다.

(19) 옥돔(甘鯛, あまだい)

농어목 옥돔과의 바닷고기이며 고급 어종으로 제주도 특산품이기도 하다. 머리가 원추형으로 딱딱한 것이 특징이며 구이나 찜, 튀김에 주로 사용되며 우리나라에서는 미역국에 사용되기도 한다.

(20) 아귀(鮟鱇, あんこう)

아귀과에 속하는 경골어로 머리와 입이 크다. 뼈를 제외한 모든 부분이 식용 가능하며 주로 냄비요리에 사용된다. 특히 아귀의 간은 일본의 전통 별미로 바다의 푸아그라라고 불릴 정도로 그 맛이 탁월하다.

(21) 단새우(甘海老, あまえび)

정식명칭은 북국 적새우(北國赤海老)이다. 붉은색이 나며 단맛이 난다. 회로 먹기도 하지만 초밥용 재료로서 가장 널리 사용된다.

(22) 전갱이(鰺, あじ)

겨울을 제외한 모든 계절이 적기로 여름에 특히 맛이 좋으며 어획량은 봄, 가을이 가장 많다. 신선한 것은 회로 즐기기도 하고 이밖에도 초회, 구이, 조림, 튀김 등에 다양하게 사용된다.

(23) 해삼(海參, なまこ)

극피동물문 해삼강에 속하며 그 종류는 무려 500여종이나 된다. 단백질이 풍부하고 칼슘, 철 등 무기질이 풍부하여 소화가 잘 되고 비만예방에 효과적이며 그 밖에도 효능이 인삼과 같다고 하여 '바다의 인삼인 해삼'이라는 명칭이 붙었다. 주로 회로 먹으며 해삼의 내장을 소금에 절인 것을 고노와타(海鼠腸)라 한다.

(24) 오징어(烏賊, いか)

오징어과에 속하는 연체동물로 몸통이 유백색으로 윤기가 나고 탄력이 있는 것이 좋다. 콜레스테롤 함량이 높지만 그것을 저하시켜주는 타우린 함량 또한 높다.

오징어의 먹물은 항균, 항암 작용을 하는 것으로도 알려져 있다.

12월에서 1월 사이가 가장 맛있으며 회, 구이, 찜, 무침, 국물요리 등 모든 요리에 다양하게 사용된다.

(25) 갈치(太刀魚, たちうお)

농어목 갈치과의 바닷고기로 생김새가 기다란 칼 모양을 하고 있어서 이름이 붙여졌다. 체장은 1m 이상이며 초여름이 적기이다. 필수아미노산이 고루 함유된 단백질 공급 식품으로 회, 구이, 조림 등에 사용된다.

(26) 전복(鮑, あわび)

전복과에 속하며 비타민과 미네랄이 풍부하다.
까막 전복과 말 전복 등이 있는데 껍질에 4~5개
의 구멍이 있는 것이 특징이다. 내장의 색이 녹색
인 것이 암컷이고 노란색이 수컷이다. 회로 먹는
경우가 많고 구이나 조림, 찜 등 고급 재료인 만큼
조리법도 다양하다.

(27) 가리비(帆立貝, ほたてがい)

사새목 가리비과에 속하는 패류로서 추운바다의
연안에 서식하며 담백하고 독특한 풍미가 있다. 필
수 아미노산이 풍부하고 회로 먹거나 구이요리로
많이 사용하며 초회나 국물요리에도 잘 어울린다.

(28) 왕 우럭조개(水松貝, みるがい)

백합과의 연체동물로 우리나라 서남해에서 주로 볼 수 있다. 감칠맛이 있어서
회로 먹거나 초회, 무침 등에 사용된다.

(29) 피조개(赤貝, あかがい)

사새목 꼬막조개과에 속하며 헤모글로빈을 가지
고 있어 살이 붉게 보인다.
타우린 및 각종 비타민과 미네랄이 많으며 여러
성분이 균형을 이루고 있어 빈혈 등에도 좋다. 주로
초밥용 재료에 많이 쓰이며 회로도 먹는다. 산란기
인 여름철에는 비브리오 패혈증 등 독성이 있고 맛이 떨어지므로 주의해야 한다.

(30) 소라(榮螺, さざえ)

우리나라 전 연안에서 볼 수 있으며 특히 남해안에 많다. 대합이나 다른 조개들처럼 봄에 가장 맛이 있으며 소라 살을 잘게 썰어 양념한 다음 껍질에 넣어 굽는 츠보야키(壺燒き)나 초에 절인 음식인 스가이(酢貝) 또는 무침으로 많이 사용한다.

(31) 굴(牡蠣, がき)

'바다의 우유'라 불리는 굴은 칼로리와 지방함량이 적으며 철분이나 타우린이 많아 빈혈예방, 콜레스테롤 개선에 도움이 된다. 둥그스름하고 통통하게 부풀어 올라 있는 것이 신선하고 산란기인 5월부터 8월까지는 섭취하지 않는 것이 좋다. 주로 날것으로도 먹고 튀김, 초회, 국물요리 등에 많이 사용된다.

(32) 키조개(玉珧, たいらぎ)

사새목 키조개과의 연체동물로 전체적으로 삼각형의 형태를 하고 있는 대형 패류이다. 봄이 제철이며 우리나라의 남해안과 서해안에서 주로 생산된다. 특히 조개관자는 단백질 함량이 높고 칼로리가 낮으며 필수 아미노산과 철분이 많이 함유되어 있어 동맥경화 및 빈혈예방에 좋다. 구이, 무침, 회, 죽 등으로 많이 요리된다.

(33) 바지락(浅蜊, あさり)

백합과의 조개로 껍질의 크기는 보통 4cm 내외이며 껍데기에 부챗살 모양이 있으며 표면이 거칠다.

7~8월의 산란기를 제외하고 항시 체취가 되며 이때에는 독성이 있으므로 섭취를 삼가는 것이 좋다.

주로 국물을 내는데 사용되며 젓갈이나 구이, 찜 등으로 사용되기도 한다.

2. 채소 및 각종 식자재

(1) 표고버섯(椎茸, しいたけ)

송이버섯과의 버섯으로 갓이 너무 피지 않고 색이 선명하며 살이 두껍고 속이 하얀 것이 좋은 버섯이다. 식이섬유가 풍부하고 혈압을 낮추는 작용을 한다.

(2) 호박(南瓜, かぼちゃ)

15세기 무렵 캄보디아로부터 유입되어 '카보챠(カボチャ)'라 부르게 되었다. 호박의 종류는 상당히 많은데 일본에서는 주로 단호박을 많이 사용한다.

애호박   단호박

(3) 가지(茄子, なす)

원산지는 인도이며 헤이안(平安) 시대 초기에 중국으로부터 전래되었다. 가지의 안토시아닌 색소에 항암효과가 있는 것으로 알려져 있으며 구이, 조림,

튀김, 무침 등 다양한 요리에 사용된다.

(4) 차조기(紫蘇, しそ)

중국이 원산지로 우리나라 들깨와 비슷하다. 깻잎과 다른 독특한 향이 있어 일본요리에서는 생선회와 잘 어울린다.

(5) 오이(胡瓜, きゅうり)

수분이 많고 이뇨효과가 있어 부기를 빼는데 좋다. 생야채로 많이 사용되며 일본요리에서는 무침요리나 절임 등에 사용한다.

(6) 당근(人參, にんじん)

원산지는 영국이며 14세기경 중국에서 일본에 유입되었다. 일본 내 주산지는 북해도이며 포도당 등이 많이 포함되어 있어 단맛이 난다. 조림, 무침 및 각종 요리에 곁들임(妻)으로 많이 사용된다.

(7) 파프리카(パプリカ)

피망과 달리 단맛을 가지고 있는 것이 특징이다. 비타민이 풍부하여 기미, 주근깨 예방에 좋으며 매운맛이 없고

단맛이 있기 때문에 샐러드에 많이 사용되며 볶음, 조림 등에 사용한다.

(8) 팽이버섯(榎茸, えのきたけ)

송이버섯과의 일종으로 주로 팽나무, 무화과나무, 버드나무의 그루터기에서 자라지만 현재는 사계절 인공 재배하고 있다. 주로 전골이나 찌개 등 각종 냄비요리의 곁들임이나 국물요리의 건더기로 사용한다.

(9) 순채(蓴菜, じゅんさい)

수련과의 다년생 수초로 연못이나 늪에 자생한다. 미끄러운 점액질로 둘러싸여 있으며 풍미와 씹는 맛이 좋아 국물의 건더기나 초회 등에 사용된다.

(10) 오쿠라(オクラ)

아프리카가 원산지이며 아욱과에 속하는 식물이다. 자르면 끈적한 점액질이 나온다. 자양강장에 효과가 있으며 비타민C가 풍부하여 피로회복에 도움이 된다. 샐러드나 초무침 등에 많이 사용되며 각종 요리에 곁들임으로 사용하기도 한다.

(11) 고추냉이(山葵, わさび)

일본의 특산품이며 맑은 물이 흐르는 곳에서 자생한다. 고추냉이는 곱게 갈수록 향이 강해지며 칼등으로 다지면 매운맛이 점점 강해진다. 고추냉이의 매운맛은 약 15분 정도밖에 지속되지 않으므로 고급 일본요리점에서는 즉석에서 고운 상어 가죽에 갈아 주기도 한다.

(12) 토란(里芋, さといも)

원산지는 인도이며 모양과 맛에 따라 여러 종류가 있다.

아린 맛이 강하므로 껍질을 벗겨 쌀뜨물에 담가 두거나 소금물에 살짝 데친 후 사용하면 좋다. 조림이나 국에 주로 사용하며 구이로 사용하는 경우도 있다.

(13) 백합뿌리(百合根, ゆりね)

주로 늦가을에서 이른 봄에 많이 나며 재배종은 쓴맛이 적고 고구마와 같은 단맛이 난다. 달게 졸여 사용하기도 하고 양갱이나 킨통(金団)-달게 졸여 체에 내린 후 밤 모양이나 경단처럼 만든 것-등에 사용한다.

(14) 파드득 나물(三葉, みつば)

잎이 세장이라 셋잎 또는 삼엽채라고 하며 참나물과 비슷하다. 독특한 향미가 있어 국물요리의 곁들임이나 무침요리 등에 사용한다.

(15) 산마(山芋, やまいも)

늦가을부터 봄까지가 제철이며 각종 무기질이 풍부한 알칼리성 식품이다.

직접 갈아서 즙으로 마시는 경우도 있고 조림이나 구이로 사용한다.

(16) 연근(蓮根, れんこん)

연꽃의 뿌리로 식이섬유가 풍부하다. 일정하게 굵으며 백색에 구멍의 크기가 고른 것이 좋다. 조림, 구이, 튀김 등에 사용하며 조리할 때에는 껍질을 벗긴 후 소금이나 식초를 넣은 물에 잠깐 담가 떫은맛을 제거하여 사용한다.

(17) 죽순(竹筍, たけのこ)

대나무의 어린 순으로 봄이 제철이다. 떫은맛이
강하므로 쌀뜨물에 담가 사용하면 좋다.

(18) 고사리(蕨, わらび)

고사리과에 속하는 다년생 양치식물로 전 세계에 골고루 퍼져 있다. 보통은 줄
기를 사용하여 무침이나 전골 등에 사용하는데 뿌리를 사용하기도 한다.

고사리의 뿌리를 갈아 전분으로 사용하며 이를 '와라비코(ワラビコ)'라 하며 이
것을 사용하여 '와라비모찌'라는 떡을 만든다.

(19) 갯방풍잎(浜防風, はまぼうふう)

보통은 해변의 모래밭에서 자생하며 생선회의 곁들임으로 사용한다.
감기나 두통 등에 효과가 있다.

(20) 파싹(牙葱, めねぎ)

파의 싹을 말하며 주로 국물요리에 향미료(吸い口)로 사용하며 생선회나 기타
요리에 곁들임으로도 사용한다.

(21) 두릅(たらの木, たらのめ)

땅 두릅(うど)과 참두릅(たらの木)이 있는데 땅
두릅은 독활(獨活)이라는 다년생 풀로 죽순처럼 뿌
리를 잘라 먹는 것이고 참두릅은 '나무두릅'이라고
도 하는데 두릅나무에 달리는 새순으로 독특한 향
이 나는 산나물을 말한다. 둘다 데쳐서 사용하며 무
침이나 조림, 튀김 등에 다양하게 사용한다.

(22) 영귤(酢橘, すだち)

일본의 도쿠시마(德島)가 원산지이며 초(酢)를
짜는 데 쓰는 귤의 일종이다.

일본에서는 생선회나 구이의 곁들임 등에 사용되
며 각종 소스나 음료 등에도 널리 사용된다.

(23) 산초잎(木の牙, きのめ)

후추의 일종인 산초나무의 순으로 그 향이 독
특하여 구이요리나 각종 요리에 향신료처럼 사용
된다.

(24) 송이버섯(松栮, まつたけ)

주로 가을에 소나무 숲에서 자라는데 버섯 중에
으뜸으로 일본에서는 쿄토(京都) 지역이 유명하지
만 한국산을 최고로 여긴다. 특유의 향이 좋으며 버
섯 갓의 피막이 터지지 않고 버섯대가 굵고 짧으며
살이 두꺼운 것이 좋다. 소금구이나 덮밥, 튀김 등
의 요리로 많이 사용한다.

(25) 숭어알(唐墨, からすみ)

숭어알을 소금에 절여 만든 것으로 10월경에 잡히는 숭어가 카라스미(カラス
ミ)를 만드는데 적당하다.

(26) 가다랑어포(鰹節, かつおぶし)

가다랑어를 쪄서 말린 것으로 대패로 밀어서 사용한
다. 일본요리에서 국물의 맛을 내는데 없어서는 안 될

재료이다.

(27) 한천(寒天, かんてん)

우뭇가사리를 끓여서 녹인 후 식혀서 영하 15℃ 이하에서 동결시켰다 다시 5℃ 정도의 저온에서 건조시키는 것을 반복하여 만든 것으로 양갱 같은 군힘 요리에 사용한다.

(28) 칡 전분(吉野葛, よしのくず)

일본 요시노(吉野) 지방의 칡 전분이 유명하여 붙여진 이름이다. 국물요리나 조림, 깨 두부 등 다양한 요리에 사용된다.

(29) 고장초(溪冠菜, とさかのり)

홍조류의 해초로서 주로 생선회의 곁들임이나 초회의 재료로 사용한다.

08 생선 손질법

1. 광어 손질법 순서

❶ 광어의 머리와 등쪽살 경계에 칼집을 넣는다.

❷ 칼집을 넣은 다음 내장쪽 위까지 칼로 절단한다.

❸ 광어의 배쪽부분에도 칼집을 넣어서 머리와 몸통이 분리되도록 한다.

❹ 몸통의 내장을 제거한 뒤 마른 행주로 한 번 닦아낸다.

❺ 광어 등쪽살의 중간부분인 지아이(血合) 부분을 중심으로 칼집을 넣는다.

❻ 꼬리부분까지 확실히 칼집을 넣어준다.

❼ 가운데 부분에서 지느러미부분까지 칼을 기울여서 포를 뜬다(포를 뜨다가 뼈를 손상시키면 핏물이 번져나와 횟감에 묻으면 위생에 좋지 않다).

❽ 밑쪽의 살점도 마찬가지로 포를 뜬다.

❾ 살점을 뼈에서 완전히 분리한다.

❿ 광어를 뒤집어 반대편도 동일한 방법으로 포를 뜬다.

⓫ 광어의 가운데 뼈는 잔칼집을 넣은 뒤 찬물에 담궈 핏물을 완전히 제거한다.

⓬ 광어살의 껍질쪽이 도마의 바닥으로 향하게 놓고 칼로 어슷하게 밀어 썰듯이 껍질을 제거한다(칼을 20° 이상 세우면 껍질이 끊어질 수 있다).

⓭ 생선모둠회의 경우 껍질쪽이 위로 향하도록 하고 평썰기(히라쯔꾸리)를 한다.

⓮ 생선초밥의 경우 껍질쪽이 도마에 향하도록 하고 잡아당겨썰기(히키쯔꾸리)를 한다.

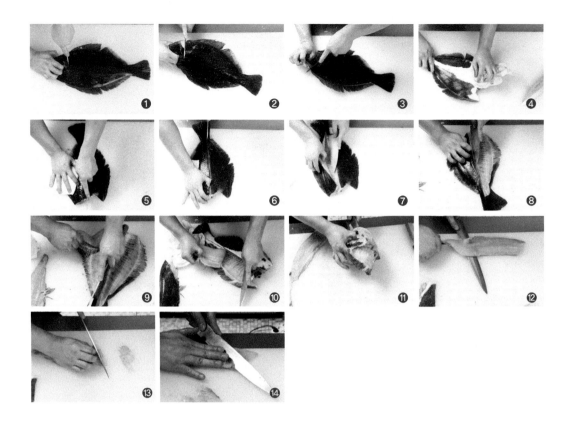

2. 도미 손질법

❶ 도미의 비늘을 꼬리에서 머리쪽으로 제거한다.

❷ 아가미덮개를 들고 아가미의 밑쪽 부분을 칼로 절단한다.

❸ 아가미덮개를 들고 아가미의 위쪽 부분을 칼로 절단한다.

❹ 아가미를 제거해 버린다.

❺ 도미의 아가미 바로 밑에서부터 배쪽으로 칼집을 넣어서 항문까지 절개한다.

❻ 활복한 배쪽의 내장을 펼쳐서 제거한 뒤 가운데 뼈부분을 긁어서 핏물을 헹군다.

❼ 아가미덮개 바로 위쪽의 딱딱한 뼈를 칼로 절단한다.

❽ 반대편도 마찬가지로 한다.

❾ 양쪽의 머리와 몸통 경계에 있는 딱딱한 뼈를 완전히 제거한다.

❿ 도미의 배쪽을 도마에 향하게 하고, 도미머리 등쪽에 칼로 툭툭 내리친다.

⓫ 도미머리와 몸통을 분리한다.

⓬ 도미머리 뒤쪽은 도마에 안정되게 고정시키고, 윗이빨 가운데에 칼을 꽂고 반대편 손으로 도미눈 아래쪽을 잡고 칼을 도미머리 정중앙을 지나가도록 집중해서 위에서 아래로 내려 절단한다(도미머리 정중앙에 약간의 표시를 해 놓으면 도미머리를 반으로 쪼개기가 수월하다).

⓭ 도미머리가 완전히 반으로 쪼개지도록 칼에 힘을 주어 내려준다.

⓮ 도미머리 위쪽 부분이 쪼개지면 밑쪽의 붙어있는 살점을 가볍게 절단한다.

⓯ 도미머리가 클 경우 눈밑에 칼집을 넣어서 자른다.

⓰ 도미머리를 뒤집어서 사각형 모양으로 절단한다.

⓱ 절단한 조각들이 크면 다시 쪼개어 준다.

⓲ 도미몸통의 내장쪽을 다시 한 번 행주로 닦아준다.

⓳ 포를 뜰 경우 먼저 내장쪽 부분의 살과 뼈 사이에 칼집을 넣어준다.

⓴ 칼을 더 깊게 넣어서 살과 뼈가 분리되도록 포를 뜬다.

㉑ 반대쪽은 등쪽의 지느러미쪽에서부터 살과 뼈 사이에 칼집을 넣어준다.

㉒ 칼을 더 깊게 넣어서 살과 뼈가 분리되도록 포를 뜬다.

㉓ 도미 가운데 뼈 사이사이에 칼집을 넣어서 핏물제거가 용이하도록 한다.

㉔ 가운데 뼈를 제거한 몸통의 살에서 갈비뼈 부분을 살의 손실이 최소화되도록 하면서 제거한다.

㉕ 포를 떠서 갈비뼈를 제거한 도미살의 지아이(血合) 부분을 경계로 양쪽 살을 떼어낸다.

㉖ 도미껍질이 도마쪽에 오도록 하고 껍질을 제거한다.

㉗ 생선모둠회의 경우 껍질쪽이 위로 향하도록 하고 평썰기(히라쯔꾸리)를 한다.

㉘ 생선초밥의 경우 껍질쪽이 도마에 향하도록 하고 잡아당겨썰기(히키쯔꾸리)를 한다.

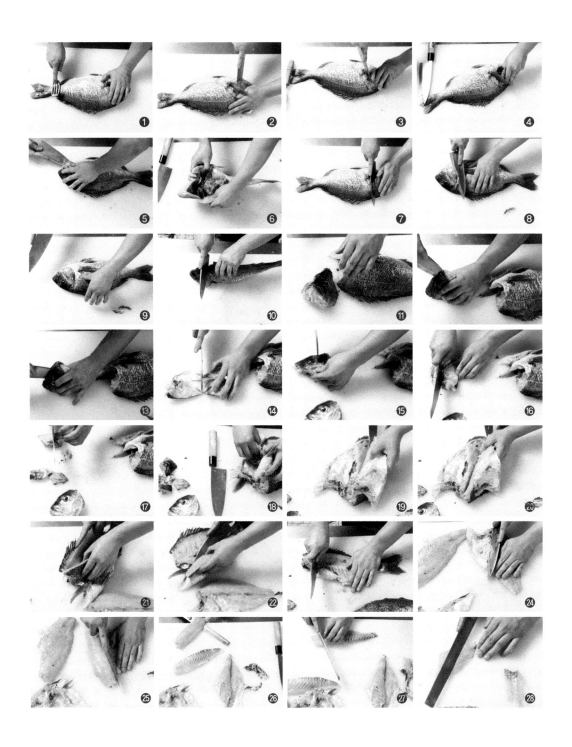

09 다시(出汁)만들기

일본요리에서 다시(出汁)라고 하면 국물요리에서 부터 조림, 냄비요리, 각종 소스 등에 맛을 낼 때 없어서는 안 되는 가장 기본이면서도 가장 중요한 것이다.

일본요리의 맛을 좌우하는 것 중 하나가 다시라고 해도 과언이 아닐 정도로 국물을 뽑을 때에는 정성을 들여야 하는 것도 그 이유이다.

국물을 낼 때 가장 중요한 것이 다시마(昆佈)와 가다랑어포, 즉 가쓰오부시(鰹節)이다. 특히 맑은 국물 등에 사용하는 일번다시(一番出汁)는 양질의 다시마, 가쓰오부시가 사용되는데 이와 더불어 물 또한 중요한 요소 중 하나이다.

일반적으로 사용하는 수돗물의 냄새가 다시의 맛에 영향을 줄 수도 있으므로 미리 받아 두었다가 사용하면 좋고 미네랄 함량이 높은 경수(硬水,こうすい)보다는 연수(軟水, なんすい)가 맛을 내는데 더 적합하다고 한다.

1. 재료

(1) 다시마(昆佈)

차가운 바다에서 잘 자라는 한해성(寒海) 식물로 우리나라에서는 북한의 함경도에서부터 동해안을 따라 분포되어 있으며 일본에서는 홋카이도(北海道)가 주요 산지이다. 다시마의 종류는 마곤부, 리우스곤부, 리시리곤부 등 여러 가지가 있으나 우선 건조가 잘 되어 검정색이나 짙은 녹갈색이 좋으며 두껍고 하얀 염분 같은 것이 골고루 많이 묻어있는 것이 좋다. 다시마의 표면에 묻어 있는 하얀 부분은 만니톨이라는 성분으로 감칠맛을 내주는 것이므로 물로 씻어내지 말고 행주로 살짝 닦아 낸 다음 사용하는 것이 좋다.

(2) 가다랑어포(鰹節)

가다랑어를 손질하여 쪄낸 다음 훈연하여 충분히 건조시킨 후 하루 정도 햇볕에 쬐어 밀폐상자에 넣어 푸른곰팡이를 피운다. 이와 같은 방법을 수차례 반복하여 더 이상 곰팡이가 생기지 않을 때까지 하여 완성시키면 비로소 국물을 낼 때 사용하는 가쓰오부시가 된다. 곰팡이를 피우는 이유에 대해서 정확하게 알려진 바는 없지만 지방분을 감소시키고, 향미를 좋게 하는 효과가 있다고 알려져 있다. 양질의 가쓰오부시는 단단하며 두드렸을 때 맑은 소리가 나는데 이것을 대패로 얇게 깎아 사용하며 휘발성이 있어 시간이 지나면 맛과 향이 떨어지므로 필요할 때 조금씩 깎아 사용하거나 밀폐용기에 보관하여 단기간에 사용하는 것이 좋다. 좋은 가쓰오부시를 고를 때에는 붉은빛을 띤 독특한 흑갈색으로 윤택 있는 것이 좋고, 두드렸을 때 맑고 투명한 소리가 나는 것이 좋으며, 검은 부분이 많거나 황갈색 또는 회갈색을 띠는 것은 사용하지 않는 것이 좋다.

(3) 멸치(煮干し)

멸치를 '니보시'라 하는데 원래는 정어리, 관자, 새우, 멸치 등을 삶아서 건조시킨 것들을 통틀어 말한다. 신선한 색깔과 광택이 있는 것이 좋으며 사용할 때에는 가쓰오부시보다 오래 끓여 우려내는 것이 좋고 사용하기 전에 머리와 내장을 제거하거나 살짝 볶아주면 쓴맛이나 비린 맛을 제거할 수 있다. 주로 된장국이나 조림요리 등에 사용한다.

2. 다시(出汁)만들기

각종 국물요리나 냄비요리뿐만 아니라 일본의 정진요리(精進料理)의 기본 국물에도 사용된다.

(1) 다시마육수(昆佈出汁)

① 다시마 표면을 젖은 행주로 깨끗이 닦는다.

② 물 2리터에 건 다시마 60g을 넣고 반나절 정도 은근히 우려내 사용한다.

> **Tip** 시간이 많지 않을 경우 바로 불에 올려 끓이다 불을 끄고 다시마를 건져 낸 후 사용해도 된다.

(2) 일번다시(一番出汁)

다시마와 가쓰오부시의 조화로 최고의 맛과 향을 지닌 국물로서 각종 국물요리나 냄비요리, 조림, 찜 등 일본요리 전반에 걸쳐 두루 사용된다.

① 다시마를 젖은 행주로 표면을 깨끗이 닦는다.

② 2리터의 물에 다시마 20g을 넣고 끓인다.

③ 물이 끓으면 다시마를 건져내고 가쓰오부시 50g을 넣고 불을 끈다.

④ 표면의 거품을 걷어내고 5~10분 정도 지나면 소창을 깔고 걸러낸다.

(3) 이번다시(二番出汁)

일번다시에서 남은 재료에 가쓰오부시를 조금 더 첨가하여 뽑아낸 국물로 된장국이나 진한 맛의 조림요리 등에 사용한다.

① 일번 다시를 뽑고 남은 가쓰오부시와 다시마에 물 2리터를 넣고 끓인다.

② 새로운 가쓰오부시를 조금 넣고 불을 끈다.

③ 거품을 걷어내고 10분 정도 후 소창을 깔고 걸러 낸다.

(4) 멸치다시(煮干し出汁)

① 멸치의 머리와 내장을 제거하고 물 1리터에 다시마 10g, 멸치 30g을 넣어 끓인다.

② 끓기 시작하면 약한 불로 줄여 10분 정도 두었다 불을 끈다.

③ 거품을 걷어내고 멸치가 바닥에 가라앉으면 소창을 깔고 걸러 낸다.

10 복어

1. 복어의 이해

복어를 중국에서는 '하돈(河豚)'이라고 부른다. 돼지를 뜻하는 '돈(豚)'자가 들어간 것을 두고 생김새가 돼지와 비슷해서라는 설이 있다. 하지만 그보다는 중국에서 제일 맛있는 요리로 치는 것이 돼지이기 때문에 '맛있다'는 의미에서 '돈'자를 붙였을 것이란 설이 더욱 유력하게 받아들여지고 있다.

'하(河)'자를 붙인 것은 우리나라나 일본산 복어가 바다에서 서식하는 것과 달리, 중국에서는 하천(河川)에 복어가 살기 때문이다. 중국 북송 때의 시인 소동파는 복어를 '천계의 옥찬'이라고 부르며 '사람이 한 번 죽는 것과 맞먹는 맛'이라는 극찬을 아끼지 않았다고 한다. 그리고 11세기 송나라 대시인 소동파는 '그 맛, 죽음과도 바꿀만한 가치가 있다'고 갈파했다.

그러나 복어는 뛰어난 맛만큼이나 위험한 음식이다. 복어가 지니고 있는 '테트로도톡신'이란 독은 300도 고온에서도 분해되지 않으며 어떤 조미료나 소금에 절여도 독성이 없어지지 않을 만큼 강하며 청산가리의 1,000배에 이른 맹독으로 한 마리가 가진 양으로 성인 33명의 생명을 빼앗을 수 있다. 이러한 독은 난소와 간, 피부, 내장 등 복어의 특정 장기부위에 많지만, 사람들이 주로 먹는 살과 근육에는 적은 편이다. 하지만 이 독은 물이나 알코올에 강하고 열에는 잘 파괴되지 않기 때문에 요리할 때 각별히 주의해야 한다. 복어를 잘못 먹어 독에 중독되었을 경우, 먼저 입술과 혀끝이 마비되고 구토를 일으키다 점차 온몸의 감각이 둔해지면서 술에 취한 것처럼 비틀거리다 결국 호흡이 정지되어 사망에 이르게 된다고 한다. 그러나 신기한 것은 양식을 했을 경우에는 독이 생성되지 않는다는 것이다. 하지만 양식한 복어라도 자연산 복어와 함께 두면 다시 독성을 갖게 된다는데, 최근에는 이것이 복어의 독소를 생산하는 '아르테로모나스'란 세균 때문에 생기는 현상임이 밝혀졌다.

복어는 전 세계적으로 120여종이 있으며, 우리나라 근해에 16종, 일본과 중국 연안에 40종 정도가 서식하고 있다. 이 중 식용으로 쓰이는 것은 검복, 까치복, 은복, 밀복, 금복, 졸복, 황복, 복섬 등 일부이다. 일반적으로 복어는 살이 찌는 늦가을에서 초봄까지 맛이 좋다고 한다. 우리나라에서는 제주도 근해에서 낚시를 통해 많이 잡힌다.

복어가 '술독'을 푸는 최고의 해장제로 꼽히는 데는 과학적인 근거가 있다. 복어는 인체의 알코올 분해 효소를 활성화시켜 간장 해독작용에 도움을 줄 뿐만 아니라 알코올중독 예방과 숙취제거에도 탁월한 효능을 발휘한다. 뿐만 아니라 복어에는 콜레스테롤을 감소시키고 고혈압 등 각종 성인병을 예방하는 효능도 포함돼 있어 수술 전후의 환자 회복이나 당뇨병, 신장질환의 식이요법에도 적합한 음식으로 잘 알려져 있다. 이 때문에 복어는 일찍이 '동의보감'에서도 "성질이 따뜻하며 허한 것을 보하고, 몸이 부어있는 상태를 없애며, 허리와 다리의 병을 치료하고, 치질을 낫게 하며, 살충의 효과가 있다."고 효능을 기술한 바 있다.

복어에는 각종 아미노산, 무기질, 비타민과 함께 다량의 단백질이 함유되어 있고, 이는 무엇보다 알코올 및 아세트알데히드 대사에 관여하는 효소의 활성을 높여 주는 역할을 하여 숙취제거에 탁월하며 체내 콜레스테롤 수치 감소에 효과가 있다는 결과를 얻어냈다.

일본에서는 '복은 먹고 싶고 목숨은 아깝고'라는 속담이 전해 내려오고 있다. 1991년 일본 시모노세키 복어 전문시장에서 자연산 지주복 1㎏이 23만엔(당시 한화로 1백 31만원)에 낙찰되어 일본인들의 복어에 대한 뜨거운 관심을 짐작케

했다. 복어의 담백한 맛의 비밀은 1%에 불과한 낮은 지방량에 있다. 또 건강식으로서의 복어는 지방량의 20% 이상이 동맥경화 등을 예방하는 EPA · DHA 등 불포화지방산이라는 점에 있다.

살을 얇게 저며 낸 회의 쫄깃한 감촉이나 펄펄 끓여 낸 복탕의 시원한 맛은 무엇과도 바꿀 수 없다. 다만 복의 종류에 따라서는 사망에 이르게 할 정도로 맹독성을 갖고 있는 것도 있고, 손질을 제대로 하지 않으면 중독될 위험성도 있어 항상 주의해야 한다. 특히 복어의 종류를 제대로 알지 못한 채 손수 구입해 요리해 먹는 일은 피해야 한다.

하지만 독성이 없는 복어도 상당수 있다. 보통 식당에서 복회나 복탕에 사용되는 참복과 은복(밀복), 까치복, 황복 등은 무독한 복어로 꼽힌다. 그러나 무독하다고 해도 독이 전혀 없다는 뜻은 아니고, 사람을 숨지게 할 만큼의 강한 독성이 아니라는 것이다. 반면 복섬, 매리복, 국매리복, 흰점복 등은 유독한 복어로 분류된다.

복어는 손질과정에서 손이 많이 가지만, 정작 요리는 간단하게 하는 것이 특징이다. 복어 자체의 담백한 맛을 살려내는 게 복어요리의 포인트이기 때문이다. 복어회는 보통 1~2㎜의 두께로 얇게 썰어낸다. 육질이 탄력 있고 질긴 탓에 두껍게 썰면 씹기 어렵기 때문이다. 저며 낸 복어살을 통해 접시의 그림 모양이 들여다보일 정도의 두께가 가장 적합하다. 복어회에는 보통 가시를 제거한 껍질과 피하조직을 살짝 데쳐서 채를 썰어 곁들이기도 한다.

복어가 독을 지니는 이유는 해양세균들이 생산해 낸 테트로도톡신이 먹이사슬에 의해 복어체내에 축적되었다고 하는 설이 있다. 좀더 구체적으로 설명하면, 테트로도톡신(Tetrodotoxin)이 함유된 갯지렁이나 불가사리 같은 먹이를 먹기 때문인 것으로 알려지고 있다. 또한 복어알에서 자체적으로 독소를 생산해 낸다는 설도 있는데, 최근에는 먹이사슬에 의해서 독소를 축적한다는 설이 점점 실험에 의해서 밝혀지고 있다.

일반적으로 양식한 복어는 독소를 생산하지 않는다고 한다. 그러나 자연산 복어와 같이 키우면 양식복어도 독소를 생산할 수 있다고 하는데 그 이유는 자연산 복어의 피부에서 독소를 생산해내는 세균에 감염되어 양식복어가 중독이 되기 때문이다. 검복과 황복을 최고로 치며 그 다음이 까치복과 자주복, 다음으로 밀복, 다음으로 은복(흰밀복, 은밀복)과 원양 황복 순으로 가격대가 정해져 판매되고 있다. 검복과 자주복은 모양이 비슷해 구분하기 어려운데, 가슴지느러미 뒤쪽의 원형 반점에 흰 테두리가 없는 것은 검복, 그 원형 반점에 테두리가 있고 등과 배쪽에 작은 가시가 있는 것은 자주복으로 보면 대개 맞는다.

복어는 밤에 대부분 모래집 바닥에 숨어 휴면을 하므로 밤에 집어 등을 이용하여 낚아 올린다. 이렇게 낚아 올린 복어는 손질을 잘해야 한다. 황복은 4~5월 파주의 임진강 나루터에서 많이 잡히고, 까치복은 삼천포, 제주도 등지에서 많이 잡힌다.

복어 중독의 특징은 경과가 빠르며 일반적으로 치사시간은 4~6시간으로 8시간 이내에 생사가 결정된다. 그러나 회복이 되면 경과도 빠르며 후유증도 없다. 복어탕·찜에 사용한 유해장기(간장)의 섭취에 의해 발생하게 되는 이와 같은 중독을 예방하기 위해서는 복어요리 전문가에 의해 요리된 것을 먹도록 하며 알, 난소, 간, 내장, 껍질 등에 독성이 많아 폐기된 부분의 처리를 철저히 하여 다른 사람이 먹고 중독되는 일도 방지하여야 한다.

일본의 후생성은 복어를 식품위생법의 대상으로 규정하여 일본연안, 동해, 황해, 동지나해에서 포획한 것에 한하여 판매·제공이 가능하도록 했으며, 남방 해역에서 서식하는 복어류는 근육부분까지도 유독하기 때문에 시장에 출하되지 않도록 했다. 또한 판매와 제공이 가능한 복어의 종류와 섭취가능 부분을 제한하였다.

2. 복어의 종류

(1) 자주복(참복)

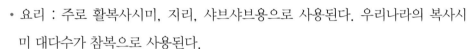

- 어획시기 : 8~2월(약 8개월)
- 생활습성 : 바닥에서 유영한다.
- 효능 : 담백한 맛으로 복어류 중 가
  장 맛이 있으며 비싸다. 어류의 최
  고급 어종이며 양식이 가능하다.
- 요리 : 주로 활복사시미, 지리, 샤브샤브용으로 사용된다. 우리나라의 복사시
  미 대다수가 참복으로 사용된다.

시험장 Tip 복어조리기능사 실기시험에 가끔 지급되는 어종이다.

(2) 검자주복(참복)

- 학명 : 검자주복(참복)
- 분포 : 우리나라 동, 서, 남해, 일
  본 중부이남, 황해, 동중국해에 분
  포하며 양식이 가능하다.
- 서식장 : 바깥바다의 중층이나 저층에 주로 서식하며, 내만으로 잘 들어오지
  않는다.
- 요리 : 주로 활복사시미, 지리, 샤브샤브용으로 사용된다. 우리나라보다는 일
  본에서 사용되는 고급어종이다.

(3) 까치복

- 어획시기 : 5~12월(약 7개월)
- 생활습성 : 암초가 있는 중층에서
  유영한다.

- 효능 : 담백한 맛과 강한 색채의 빛깔을 띠며, 국내 유명 복어식당에서 복수육, 복탕으로 최고의 인기를 누리고 있는 복어이다. 단, 특유의 냄새가 나며, 양식이 불가능하다.
- 요리 : 주로 지리나 샤브샤브용으로 사용된다.

시험장 Tip　복어조리산업기사 시험에 지급되는 어종이다.

(4) 황점복

- 학명 : 황점복(황복) Takifugu poecilonotus
  (Temminck e Schlegel)
  참복과 Family Teraodontidae
- 형태 : 농황색, 농갈색이며 배부분은 백색이다.
- 어획시기 : 12~3월(약 4개월)
- 분포 : 황해, 한반도의 서남해와

서남해로 흐르는 대형 하천의 하류 및 북한, 중국에 분포한다.

(5) 졸복

- 학명 : 졸복(매리복), ヒガンフ, Fugu pardalis
- 방언 : 밀복, 노랑복(여수)
- 어획시기 : 11~3월(약 5개월)
- 분포 : 우리나라 동, 서, 남해, 일본 홋카이도 이남, 황해, 동중국해
- 서식장 : 근해의 바닥이 암초지대인 저층에서 주로 서식한다. 서해, 남해 연근해

(6) 검복(밀복)

- 방언 : 복장어, 복쟁이, 복어, 참
  복(경남, 전남)
- 어획시기 : 12~3월(약 4개월)
- 효능 : 연안 채낚이 어선에서 어
  획되며, 생복으로 곤(이레)이 특히 많아 국내 소비는 물론 일본에서도 선호도가
  높은 어종(수출어종)으로 주로 동해안지역에서 많이 잡힌다.
- 특징 : 껍질에 가시가 없으며, 100% 자연산으로 양식이 불가능하다.
- 요리 : 주로 복지리, 복찜, 샤브샤브용으로 사용된다. 회로는 감칠맛이 부족
  하다.

  시험장 Tip 복어조리기능사 실기시험에 가끔 지급되는 어종이다.

(7) 복섬

- 학명 : 복섬 Takifugu niphobles
  (Jordan et Snyder)
  참복과 Family Teraodontidae
- 방언 : 복쟁이, 복어새끼(부산)
- 영명 : Grass puffer
  - 일명 : Kusafugu

(8) 은밀복(은복)

- 어획시기 : 12~3월(약 4개월)
- 효능 : 복과 같은 종류로 독성이 없으
  며, 담백한 맛과 연한 육질로 복국식당
  에서 복탕, 생복수육으로 인기
- 분포 : 제주 연근해엽, 일본, 중국, 대만해엽

- 요리 : 고급어종이 아니어서 복해장국이나 저렴한 복요리에 사용된다.

복어조리기능사 시험에 자주 지급되는 어종이다.

(9) 검은밀복(은복)

- 분포 : 우리나라 남해, 일본 홋카이
도 이남, 동중국해, 남중국해, 서태
평양, 인도양
- 효능 : 우리나라를 비롯한 동북아 주
변에서 잡히는 것은 전혀 독이 없어 복국집에서 가장 많이 이용되고 있다.
- 요리 : 고급어종이 아니어서 복해장국이나 저렴한 복요리에 사용된다.

복어조리기능사 시험에 주로 지급되는 어종이다.

3. 복어요리의 종류

일본의 어획사에 의하면 돔, 농어 등과 함께 복어 화석이 나왔다고 기록되어 있어, 일본인은 원시시대부터 먹었다고 추정된다. 그 옛날 나라지방 가시하라진구(1대 천왕 무덤이 있는 곳)에서 운동장 조성공사 현장에서 복어뼈 조각이 출토된 적이 있었고, 복어가 기록에 남겨진 것은 레이안 시대의 중기와 후지하라시대 중으로 보고 있다. 중국에서는 2,200~2,300년 전의 중국 전국시대에 쓰여진 『산해경』이라는 서책의 〈산북경〉에 '적해' 또는 '패패어'라고 기록되어 '이 생선을 먹으면 사람이 죽는다'고 쓰여진 것으로 보아 벌써부터 식용하고 있었던 것으로 추측된다.

우리나라 어장을 돌아보면 옛날 서해안 일대에서 잡은 복어는 잡어로 취급하여 잡는 즉시 바다에 버리거나 그것을 말려서 찜 종류로 많이 먹었다. 특히 우리나라 사람들은 일본이나 중국 사람에 비해 서민들이나 또는 해안가에서 쉽게 잡아먹을 수 있는 지역이민들의 음식이었다. 따라서 서해안 일대의 강 하구에서 쉽게 잡히는 황복을 먹고 복어독에 의한 중독사고가 흔하게 있었다. 그러나 조선말기 무렵 일본인에 의해 먹는 방법과 제독방법을 조금씩 배우기 시작하면서 복어요리가 일반인에게 보급되었고, 최근 경제성장과 함께 음식문화의 향상으로 복어요리 전문점과 복어요리를 선호하는 사람들이 늘어났다. 주로 장년층이 즐겨 찾지만 복어의 참맛을 아는 단골손님도 증가일로에 있다.

복어는 몸을 따뜻하게 하고 혈액순환에 좋으며 근육의 경화를 부드럽게 하는 작용을 하며, 비타민 B1, B2 등이 풍부하고 전혀 지방이 없어 고혈압, 당뇨병, 신경통 등 성인병 예방에 특별한 효과가 있다. 또한 혈액을 맑게 해 피부를 아름답게 하는 역할을 하는 것으로 알려져 있다. 복어의 독성은 복어의 종류, 내장과 껍질, 고기의 부위 등에 따라 다르다. 또 동일 종류의 복어라도 개체에 의해 독성을 보유하는 빈도가 다르고, 계절적으로도 독성이 변화하는 경우가 있다. 또 지역에 의한 독성의 차가 있을 수도 있으므로 이러한 특징을 숙지해야 한다. 한국 근해 및 일본 연안산 복어고기는 식용을 해도 지장이 없다. 일부어종에서는 이리, 껍질도 식용을 한다. 간장과 난소가 무독인 종류도 있지만, 대부분 독성이 강하고 개중에는 치명적인 독성을 나타내는 것도 있다. 어종의 개체에 따라 독성이 다르고 무독인 경우도 있지만, 독성의 유무는 관능적으로 전혀 판단할 수 없다. 대개 양식을 한 복어보다는 자연산 복어가 독이 많고 강하다.

미식가들이 복어요리의 최고로 꼽는 것이 바로 복 이리(정소, 곤이)구이다. 수컷에서만 나오는 이리를 소금을 뿌려 살짝 구워내는데, 보통 고춧가루를 넣은 무즙 등과 곁들여 본 요리의 애피타이저로 먹는다. 또한 복탕에 넣어도 맛이 진해진다. 그러나 이리가 생기는 시기는 늦가을부터 2월까지인데다 양도 많지 않아 단골 복요리집에서나 운 좋은 손님들이 맛볼 수 있을 정도다. 이밖에도 복어냄비와 복튀김, 복어초무침, 복어죽 등도 별미로 꼽는다. 복탕의 경우 고춧가루를 넣고 맵게 끓여낸 복매운탕보다는 맑게 끓여낸 복어의 맛이 그대로 살아있는 복지리를 더 쳐준다. 같은 복지리도 조리방법에 따라 한국식과 일본식으로 나뉜다. 정통 일식집의 복지리와 일반 복요리식당의 복지리 맛에 차이가 나는 게 바로 이

때문이다.

일반 복요리집에서 내놓는 복지리는 복어 머리를 고아낸 국물에 마늘과 콩나물, 미나리를 듬뿍 넣고 끓여내는데, 이것이 바로 한국식 복지리다. 반면에 일본식 복집에서는 콩나물과 미나리를 넣지 않고 가다랑어(가쓰오부시) 국물로 담백하게 끓여낸다. 끓여내는 방법과 재료가 다른 만큼 한국식과 일본식은 전혀 다른 맛을 낸다. 한국식 복지리가 '깔끔하고 시원한 맛'이 특징이라면, 일본식 복지리는 약간 달착지근한 듯한 '감칠 맛'을 내세운다. 보통 술마신 뒷날의 속풀이로는 시원하고 깔끔한 맛의 한국식 복지리가 낫다. 그러나 보통 여성들은 일본식 복지리의 감칠맛을 더 즐기는 편이다. 한국식이나 일본식 모두 복지리는 재료 그대로의 맛을 살리기 때문에 무엇보다 복의 선도와 종류에 따라 맛이 크게 좌우된다. 복어의 제철은 늦가을에서 2월까지이며, 유채꽃이 필 무렵에는 산란 때문에 독력이 가장 강해진다고 한다. 따라서 산란기에 특히 주의해야 한다. 겨울의 계절 요리로 일본의 시모노세키 지방의 복요리 음식점에는 복냄비(뎃지리)의 등잔불을 가게 밖에 걸어놓아 복어의 계절이 왔음을 알린다.

(1) 가식부위

몸통 살, 껍질, 지느러미, 중간 뼈, 머리뼈, 갈비, 꼬리 살, 주둥이, 정소

(2) 불 가식부위

눈, 간장, 아가미, 난소, 담낭, 위장

4. 복어 손질법

❶ 복어껍질과 지느러미의 점액질의 수분을 제거한 뒤 등과 배 지느러미를 제거한다.

❷ 날개 지느러미를 양쪽 모두 제거한 후 소금으로 문실러서 섬액실을 세서한 뒤 세

척 후 말려 놓는다.

❸ 복어의 윗니와 코뼈 사이 공간에 칼집을 넣는다.(찰과상에 주의!)

❹ 복어의 어금니쪽을 양쪽 모두 제거한 뒤 제거한 주둥이 부분을 소금으로 문질러 세척 후 찬물에 담궈둔다.

❺ 머리 옆쪽의 껍질을 뼈와 분리한다.

❻ 날개 지느러미에 왼손 검지를 넣고 엄지로 머리를 누르고 칼날이 위로 오게 한 후 배 껍질과 등 껍질의 경계에 넣어서 꼬리 지느러미까지 칼집을 넣는다.

❼ 칼로 꼬리 지느러미를 누르고 왼손으로 껍질을 몸통에서 분리하듯 잡아당긴다.

❽ 아가미와 머리뼈 사이를 분리한다.

❾ 배쪽에 살과 내장의 경계부분을 칼로 절개한다.

❿ 왼손으로 아가미쪽을 누르고 칼로 가운데뼈와 붙어있는 협골의 끝부분을 절단한다.

⓫ 왼손으로 혓바닥을 잡고 칼로 아가미와 머리부분을 칼로 절개하면서 왼손으로 혓바닥을 왼쪽으로 잡아당긴다.

⓬ 몸통과 내장을 분리한다.

⓭ 머리와 몸통을 절단한다.

⓮ 안구가 터지지 않도록 돌려서 제거한다.

⓯ 머리를 반으로 쪼갠 후 골수와 신장 장기를 철저히 제거하고, 아가미가 있던 부분의 핏덩어리와 남은 아가미 등을 긁어내어 제거한 후 찬물에 헹궈 볼에 담궈둔다.

⓰ 몸통의 배꼽살을 제거한 후 볼에 담궈둔다.

⓱ 몸통의 살을 가운데 뼈를 중심으로 세장 포뜨기한다.

⓲ 가운데뼈의 핏덩어리를 제거하기 위해서 잔칼집을 촘촘히 넣어준다.(핵심사항!)

⓳ 가운데뼈를 길이 5cm로 절단한 후 찬물에 헹궈 볼에 담궈둔다.

⓴ 세장 포뜨기한 복어살의 내장쪽 부위 살점을 곡선을 그리듯이 칼로 베어낸다.

㉑ 반대쪽 찢어지는 살을 다듬어 제거한다.

㉒ 복어살 껍질쪽의 속껍질도 얇게 포를 떠서 볼에 담궈둔다.

㉓ 복어살을 두께 0.5cm 정도로 포를 뜬다.

㉔ 손질한 횟감을 수분제거하기 위해 해동지에 감싸둔다.

㉕ 협골의 뼈를 잡고 칼로 점막을 절단한다.

㉖ 칼로 점막을 누르고 왼손으로 협골을 위로 들어올린다.

㉗ 협골과 아가미, 신장쪽에 붙어 있는 점막을 칼로 그어가면서 절개한다.

㉘ 양쪽 협골을 동일한 방법으로 손질한다.

㉙ 왼손으로 아가미 끝을 잡고 칼로 혓바닥과 아가미끝을 자른다.

㉚ 칼로 혓바닥을 누르고 아가미를 들어올린다.

㉛ 아가미를 내장과 협골이 분리되도록 끝까지 잡아당긴다.

㉜ 혓바닥의 중간을 절개한 뒤 점막을 제거하고 세척한 후 볼의 물을 갈아준 뒤 넣어준다.

㉝ 껍질을 등쪽과 배쪽으로 분리한다.

㉞ 배껍질 안쪽의 속접막에 칼집을 살짝 넣는다.(깊게 넣으면 껍질이 잘릴 수 있다!)

㉟ 껍질 안쪽의 속점막을 꼬리쪽에서 머리쪽으로 긁어서 제거한다. 등껍질도 동일한 방법으로 한다.(흰밀복, 검은밀복으로도 불리는 은복은 속점막 제거가 상당히 어렵다!)

㊱ 도마의 왼쪽에 껍질을 고정하고 사시미칼로 가시를 제거한다.(밀복은 껍질에 가시가 없고, 원양황복은 배쪽 껍질에 미세한 가시가 있다!)

㊲ 길이 7.5cm, 폭 2.5cm 정도로 칼을 횟감 위에 올려놓는다.

㊳ 왼손 검지로 칼날 끝부분에 살며시 올려두고 오른손으로 칼을 베어 썰듯이 최대한 얇게 신속히 당겨준다. 그리고 왼손으로 접시를 시계방향으로 돌리고 횟감을 왼손 엄지와 검지로 잡고 12시 방향에 놓은 뒤 칼등을 횟감 중간 우측에서 밑으로 내려오게 내리면서 왼손엄지와 검지로 복어회 좌측을 약간 세워주면서 얇게 회를 뜬다.(우스즈꾸리)

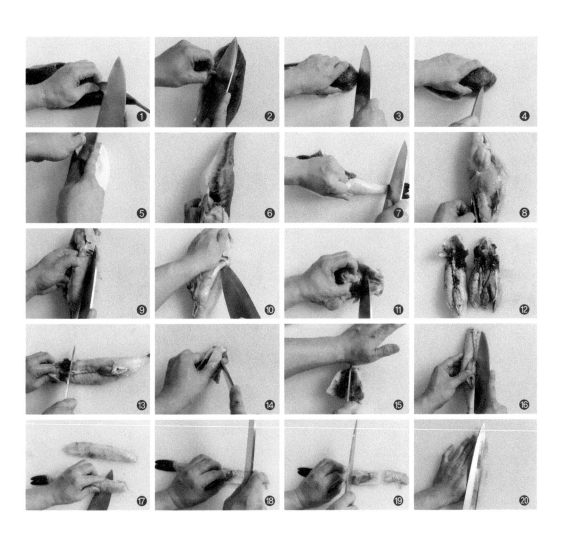

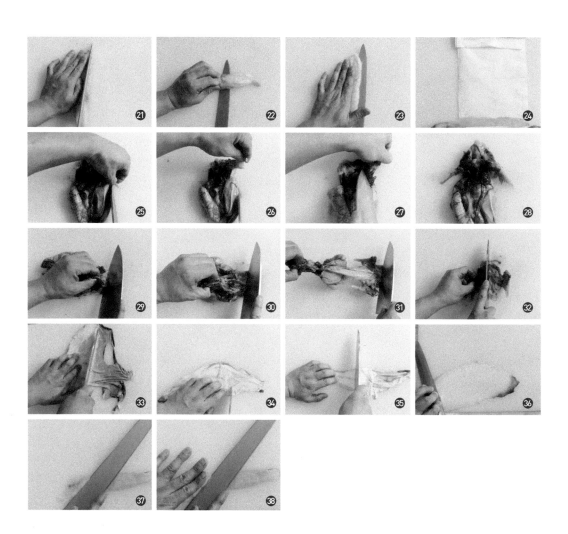

01 일식조리기능사 실기시험 진행안내

1. 시험 진행방법 및 유의사항

① 정해진 실기시험 일자와 장소, 시간을 정확히 확인 후 시험 30분 전에 수험자 대기실에 도착하여 진행요원의 지시에 따라서 수험표 배부 및 수험생 확인작업의 지시를 받는다. 입실시간을 지키지 않으면 시험응시가 불가능하다. 특히, 개인위생이 중요하므로 시계, 반지, 팔지 등의 액세서리를 착용하지 않으며 손톱은 단정이 다듬고 매니큐어도 지운다.

② 가운과 앞치마, 모자 또는 머릿수건을 단정히 착용한 후 진행요원의 호명에 따라 수험표와 신분증을 확인한 후 등번호를 교부받아 실기시험장으로 입실한다. 특히 위생모를 쓸 때에는 앞 머리카락이 밖으로 흘러나오지 않도록 안으로 단정히 집어넣는다.

③ 자신의 등번호가 위치해 있는 조리대로 가서 실기시험 과제를 확인 후 준비해 간 도구 중 진행요원의 지시에 따라서 조리대 위에 올려놓는다.

④ 실기시험은 진행요원의 지시 없이 시작하지 않아야 하며, 주의사항을 잘 숙지하여 시험에 차질이 없도록 한다.

⑤ 지급된 재료를 재료지급목록표와 비교, 확인하여 부족하거나 상태가 다르거나 누락된 식재료에 대한 파악을 철저히 한 후 이상이 있을시에 진행요원에게 그 사실을 알려 추가지급 받도록 한다.

⑥ 두 가지의 시험과제에 대한 요구사항과 유의사항을 꼼꼼히 확인하여 정해진 시간 안에 완성품을 제출한다.

⑦ 완성된 작품은 시험장에서 요구하는 완성접시에 꼭 담아내지 않으면 실격처리된다.

⑧ 정해진 요구작품을 제한시간을 초과하여 제출할 경우 미완성으로 실격된다.

⑨ 요구작품이 두 가지인 경우, 한 가지 작품만 만들었을 때에는 미완성으로 채점대상에서 제외된다.

⑩ 시험장에 지급된 재료 이외의 재료를 사용하거나, 작업 도중 음식의 간을 보면 감점 처리된다.

⑪ 불을 사용하여 만든 조리작품이 익지 않은 경우, 미완성으로 채점대상에서 제외된다.

⑫ 요구작품을 완성시켜 제한시간 내에 제출한 후 자신이 사용한 조리기구, 조리대, 가스레인지, 계수대를 깨끗이 정리정돈하지 않으면 위생 점수에서 감점 처리된다.

⑬ 수험생은 시험이 종료되어 시험장을 퇴실할 경우 자신이 사용한 음식물 쓰레기봉투는 출구쪽의 음식물 쓰레기통에 반드시 버려야 감점 처리가 되지 않는다.

⑭ 수험생은 시험을 보는 도중에 심사위원이나 진행요원, 보조요원에게 말을 하면 안 된다.

⑮ 수험생이 시험을 보는 도중에 주위사람의 작품을 보거나 책을 보는 등등의 부정행위를 할 경우, 앞으로 국가기술자격검정에서 2년 동안 시험응시의 제한이라는 불이익을 당할 수 있다.

2. 수험 준비물(공통)

① 수험표와 신분증 : 수험생의 본인 확인을 위한 수험표와 신분증을 반드시 지참해 간다.

② 위생복, 위생모, 앞치마 : 수험생은 위생상 색의 위생복, 위생모, 앞치마를 착용해야 하며, 특정교육기관을 상징하는 로고나 상호는 청색테이프로 가려서 채점의 공평성에 저해가 되지 않도록 해야 한다.

③ 바지 및 신발 : 수험생들은 가급적이면 치마나 청바지가 아닌 조리복장에 적합한 면바지의 착용을 권장하며, 신발은 하이힐이나 운동화가 아닌 가급적이면 주방 안전화를 신는 것이 바람직하다.

④ 조리용 칼 : 수험생이 사용하는 칼의 종류 및 개수는 제한이 없지만, 가급적이면 조리목적에 적합한 칼을 선택하여 안전하게 사용할 수 있도록 한다.

⑤ 계량도구 : 조리기능사 실기시험은 반복적인 조리연습 훈련을 통한 숙련된 기능인의 양성을 목표로 채점을 하므로, 수험생은 계량컵과 계량스푼을 사용하여 불이익을 받지 않도록 한다.

⑥ 행주, 면보(거즈) 및 위생타월 : 수험생이 지참하는 행주, 면보(거즈) 및 위생타월은 위생상 흰색의 색상으로 되어 있는 것을 사용해야 한다. 또한, 음식물의 수분제거 및 핏물제거는 가급적이면 행주가 아닌 면보(거즈)나 위생타월로 하여 조리위생에서 감점을 받지 않도록 한다.

⑦ 음식물봉투 : 수험생은 흰색 비닐봉지를 지참하여 계수대의 수도꼭지에 매달아서 일반음식물 쓰레기와 위생타월을 담아서 조리위생상 청결을 유지해야 한다. 또한 복어조리기능사 실기시험을 보는 수험생은 반드시 흰색 비닐봉지 외에도 검정색 비닐봉지를 준비하여 복어의 유독한 내장부위는 따로 버려야 한다.

3. 국가기술자격시험 응시자격 및 수험절차 안내

(1) 응시자격

　① 조리기능장

다음 각호에 해당하는 자

- 동일직무 분야의 기능사 자격을 취득한 후 동일직무 분야에서 8년 이상 실무에 종사한 자
- 조리산업기사 자격증을 취득한 후 동일직무 분야에서 6년 이상 실무에 종사한 자
- 동일직무 분야에서 11년 이상 실무에 종사한 자
- ☞ 응시자격은 q-net.or.kr의『응시자격 자가진단』서비스를 통하여 시험 접수 전 본인의 응시자격 여부를 스스로 진단해 볼 수 있으며, 실제 제출서류의 사실관계 등에 따라 결과가 달라질 수 있으므로 이 점에 유의해서 시험 접수를 해야 한다.(응시가능/불가능 진단결과에 관계 없이 시험 접수는 가능함)

　② 조리산업기사

- 기능사의 자격을 취득한 후 응시하고자 하는 항목이 속하는 동일직무 분야에서 3년 이상 실무에 종사한 자
- 다른 종목의 산업기사의 자격을 취득한 후 응시하고자 하는 항목이 속하는 동일직무 분야에서 1년 이상 실무에 종사한 자
- 응시하고자 하는 종목이 속하는 동일직무 분야에서 4년 이상 실무에 종사한 자
- 대졸이상 학력
- 관련학과 전문대학 1학년을 마친 재학생
- ☞ 응시자격은 q-net.or.kr의『응시자격 자가진단』서비스를 통하여 시험 접

수 전 본인의 응시자격 여부를 스스로 진단해 볼 수 있으며, 실제 제출서류의 사실관계 등에 따라 결과가 달라질 수 있으므로 이 점에 유의해서 시험 접수를 해야 한다.(응시가능/불가능 진단결과에 관계 없이 시험 접수는 가능함)

③ 조리기능사 : 응시자격 제한이 없음

(2) 수험원서 교부 및 접수

① 원서접수 : 인터넷 온라인접수(www.q-net.or.kr)

② 원서접수기간 : 정시접수(연 4회)

(3) 필기시험 유효기간

① 필기시험 합격 후 합격 발표일로부터 2년까지 필기시험이 유효함

02 일식조리기능사 실기출제기준

1. 개요

한식, 중식, 일식, 양식, 복어조리부문에 배속되어 제공될 음식에 대한 계획을 세우고 조리할 재료를 선정, 구입, 검수하고 선정된 재료를 적정한 조리 기구를 사용하여 조리 업무를 수행하며 음식을 제공하는 장소에서 조리시설 및 기구를 위생적으로 관리, 유지하고, 필요한 각종 재료를 구입, 위생학적, 영양학적으로 저장 관리하면서 제공될 음식을 조리 · 제공하기 위한 전문 인력을 양성하기 위하여 자격제도 제정.

2. 수행직무

일식조리부문에 배속되어 제공될 음식에 대한 계획을 세우고 조리할 재료를 선정, 구입, 검수하고 선정된 재료를 적정한 조리 기구를 사용하여 조리업무를 수행함 또한 음식을 제공하는 장소에서 조리시설 및 기구를 위생적으로 관리, 유지하고, 필요한 각종 재료를 구입, 위생학적, 영양학적으로 저장 관리하면서 제공될 음식을 조리하여 제공하는 직종임.

3. 실시기관명-큐넷(www.q-net.or.kr)

(1) 진로 및 전망

식품접객업 및 집단 급식소 등에서 조리사로 근무하거나 운영이 가능함. 업체간, 지역간의 이동이 많은 편이고 고용과 임금에 있어서 안정적이지는 못한 편이지만, 조리에 대한 전문가로 인정받게 되면 높은 수익과 직업적 안정성을 보장받게 된다.

- 식품위생법상 대통령령이 정하는 식품접객영업자(복어조리, 판매영업 등)와 집단급식소의 운영자는 조리사 자격을 취득하고, 시장·군수·구청장의 면허를 받은 조리사를 두어야 한다.

* 관련법 : 식품위생법 제34조, 제36조, 같은 법 시행령 제18조, 같은 법 시행규칙 제46조

(2) 시험 수수료

- 필기 : ₩11,900
- 실기 : ₩ 30,800

(3) 출제경향

- 요구 작업 내용 : 지급된 재료를 갖고 요구하는 작품을 시험 시간 내에 1인분을 만들어내는 작업.
- 주요 평가내용 : 위생상태(개인 및 조리과정)·조리의 기술(기구취급, 동작, 순서, 재료다듬기 방법)·작품의 평가·정리정돈 및 청소

(4) 취득방법

① 시 행 처 : 한국산업인력공단
② 시험과목

– 필기 : 1. 식품위생 및 관련법규　　2. 식품학

　　　　　　　3. 조리이론 및 급식관리　　4. 공중보건

　　– 실기 : 일식조리작업

③ 검정방법

　　– 필기 : 객관식 4지 택일형, 60문항(60분)

　　– 실기 : 작업형(70분 정도)

④ 합격기준 : 100점 만점에 60점 이상

필기시험 원서접수

1. 접수기간 내에 인터넷을 이용 원서접수
▶ 비회원의 경우 우선 회원 가입(필히 사진등록)
▶ 지역에 상관없이 원하는 시험장 선택 가능

2. 수험사항 통보
▶ 수험일시와 장소는 접수 즉시 통보됨
▶ 본인이 신청한 수험장소와 종목이 수험표의 기재사항과 일치 여부 확인

3. 필기시험 시험일 유의사항
▶ 입실시간 미준수시 시험응시 불가
▶ 수험표, 신분증, 필기구(흑색 사인펜 등) 지참

4. 합격자 발표
▶ 인터넷, ARS, 접수지사에 게시 공고

5. 응시자격서류심사
▶ 대상 : 기술사, 기능장, 기사, 산업기사, 전무사무 분야 중 응시자격 제한 종목(직업상담사 1급, 사회조사분석사 1급, 임상심리사 2급 등)
▶ 합격예정자 발표일로부터 8일 이내(토, 일, 공휴일 제외)에 소정의 응시자격 서류(졸업증명서, 공단 소정 경력증명서 등)을 제출하지 아니할 경우에는 필기시험 합격예정이 무효됩니다.
▶ 응시자격서류를 제출하여 합격 처리된 사람에 한하여 실기접수가 가능함
　(실기접수기간은 합격예정자 발표일로부터 4일간)

4. 개인위생상태 및 안전관리 세부기준 안내

(1) 개인위생상태 세부기준

순번	구분	세부기준
1	위생복	• 상의 : 흰색, 긴팔 • 하의 : 색상무관, 긴바지 • 안전사고 방지를 위하여 반바지, 짧은 치마, 폭넓은 바지 등 작업에 방해가 되는 모양이 아닐 것
2	위생모 (머리수건)	• 흰색 • 일반 조리장에서 통용되는 위생모
3	앞치마	• 흰색 • 무릎아래까지 덮이는 길이
4	위생화 또는 작업화	• 색상 무관 • 위생화, 작업화, 발등이 덮이는 깨끗한 운동화 • 미끄러짐 및 화상의 위험이 있는 슬리퍼류, 작업에 방해가 되는 굽이 높은 구두, 속 굽 있는 운동화가 아닐 것
5	장신구	• 착용 금지 • 시계, 반지, 귀걸이, 목걸이, 팔찌 등 이물, 교차오염 등의 식품위생 위해 장신구는 착용하지 않을 것
6	두발	• 단정하고 청결할 것 • 머리카락이 길 경우, 머리카락이 흘러내리지 않도록 단정히 묶거나 머리망 착용할 것
7	손톱	• 길지 않고 청결해야 하며 매니큐어, 인조손톱부착을 하지 않을 것

※ 개인위생 및 조리도구 등 시험장내 모든 개인물품에는 기관 및 성명 등의 표시가 없을 것

(2) 안전관리 세부기준

- 조리장비 · 도구의 사용 전 이상 유무 점검
- 칼 사용(손 빔) 안전 및 개인 안전사고 시 응급조치 실시
- 튀김기름 적재장소 처리 등

5. 일식조리기능사 지참준비물 목록

번호	재료명	규격	단위	수량	비고
1	가위	조리용	EA	1	
2	강판	조리용	EA	1	
3	계량스푼	사이즈별	SET	1	
4	계량컵	200ml	EA	1	
5	공기	소	EA	1	
6	국대접	소	EA	1	
7	김발	20cm 정도	EA	1	
8	냄비	조리용	EA	1	시험장에도 있음
9	달걀말이 프라이팬	사각	EA	1	
10	랩, 호일	조리용	EA	1	
11	석쇠	조리용	EA	1	시험장에도 있음
12	소창 또는 면보	30×30cm	장	1	
13	쇠꼬치(쇠꼬챙이)	생선구이용	EA	1	
14	쇠조리(혹은 체)	조리용	EA	1	시험장에도 있음
15	숟가락	스텐레스	EA	1	
16	앞치마	백색	EA	1	
17	위생모 또는 위생수건	백색	EA	1	
18	위생복	백색	벌	1	제대로 갖추지 않을 경우 감점처리
19	위생타월	면	매	1	
20	젓가락	나무 또는 쇠	EA	1	
21	종이컵	–	EA	1	
22	칼	조리용	EA	1	눈금표시칼 사용 불가
23	키친페이퍼	–	EA	1	
24	프라이팬	소형	EA	1	시험장에도 있음
25	도마	나무 꼬는 흰색	EA	1	시험장에도 있음
26	이쑤시개	–	EA	1	

※ 지참준비물의 수량은 최소 필요수량으로 수험자가 필요시 추가지참 가능합니다.
※ 길이를 측정할 수 있는 눈금표시가 있는 조리기구는 사용 불가합니다.

출제기준(필기)

직무분야	음식 서비스	중직무분야	조리	자격종목	일식조리기능사	적용기간	2019.1.1 ~ 2019.12.31.

• 직무내용 : 일식조리분야에 제공될 음식에 대한 기초 계획을 세우고 식재료를 구매, 관리, 손질하여 맛, 영양, 위생적인 음식을 조리하고 조리기구 및 시설관리를 유지하는 직무

필기검정방법	객관식	문제수	60	시험시간	1시간

필기과목명	문제수	주요항목	세부항목	세세항목
식품위생 및 관련 법규, 식품학, 조리이론 및 급식관리, 공중보건	60	1. 식품위생	1. 식품위생의 의의 2. 식품과 미생물	1. 식품위생의 의의 1. 미생물의 종류와 특성 2. 미생물에 의한 식품의 변질 3. 미생물 관리 4. 미생물에 의한 감염과 면역
		2. 식중독	1. 식중독의 분류	1. 세균성 식중독의 특징 및 예방대책 2. 자연독 식중독의 특징 및 예방대책 3. 화학적 식중독의 특징 및 예방대책 4. 곰팡이 독소의 특징 및 예방대책
		3. 식품과 감염병	1. 경구감염병 2. 인수공통감염병 3. 식품과 기생충병 4. 식품과 위생동물	1. 경구감염병의 특징 및 예방대책 1. 인수공통감염병의 특징 및 예방대책 1. 식품과 기생충병의 특징 및 예방대책 1. 위생동물의 특징 및 예방대책
		4. 살균 및 소독	1. 살균 및 소독	1. 살균의 종류 및 방법 2. 소독의 종류 및 방법
		5. 식품첨가물과 유해물질	1. 식품첨가물	1. 식품첨가물 일반정보 2. 식품첨가물 규격기준 3 중금속 4. 조리 및 가공에서 기인하는 유해물질
		6. 식품위생관리	1. HACCP, 제조물책임법(PL) 등	1. HACCP, 제조물책임법의 개념 및 관리

필기과목명	문제수	주요항목	세부항목	세세항목
식품위생 및 관련 법규, 식품학, 조리이론 및 급식관리, 공중보건	60	6. 식품위생관리	2. 개인위생관리 3. 조리장의 위생관리	1. 개인위생관리 1. 조리장의 위생관리
		7. 식품위생관련 법규	1. 식품위생관련법규	1. 총칙 2. 식품 및 식품첨가물 3. 기구와 용기 · 포장 4. 표시 5. 식품등의 공전 6. 검사 등 7. 영업 8. 조리사 및 영양사 9. 시정명령 · 허가취소 등 행정제재 10. 보칙 11. 벌칙
			2. 농수산물의 원산지 표시에 관한 법규	1. 총칙 2. 원산지 표시 등
		8. 공중보건	1. 공중보건의 개념 2. 환경위생 및 환경오염	1. 공중보건의 개념 1. 일광 2. 공기 및 대기오염 3. 상하수도, 오물처리 및 수질오염 4. 소음 및 진동 5. 구충구서
			3. 산업보건 및 감염병 관리	1. 산업보건의 개념과 직업병 관리 2. 역학 일반 3. 급만성감염병관리
			4. 보건관리	1. 보건행정 2. 인구와 보건 3. 보건영양 4. 모자보건, 성인 및 노인보건 5. 학교보건
		9. 식품학	1. 식품학의 기초 2. 식품의 일반성분	1. 식품의 기초식품군 1. 수분 2. 탄수화물 3. 지질

필기과목명	문제수	주요항목	세부항목	세세항목
식품위생 및 관련 법규, 식품학, 조리이론 및 급식관리, 공중보건	60	9. 식품학	2. 식품의 일반성분	4. 단백질 5. 무기질 6. 비타민
			3. 식품의 특수성분	1. 식품의 맛 2. 식품의 향미(색, 냄새) 3. 식품의 갈변 4. 기타 특수성분
			4. 식품과 효소	1. 식품과 효소
		10. 조리과학	1. 조리의 기초지식	1. 조리의 정의 및 목적 2. 조리의 준비조작 3. 기본조리법 및 다량조리기술
			2. 식품의 조리원리	1. 농산물의 조리 및 가공 · 저장 2. 축산물의 조리 및 가공 · 저장 3. 수산물의 조리 및 가공 · 저장 4. 유지 및 유지 가공품 5. 냉동식품의 조리 6. 조미료 및 향신료
		11. 급식	1. 급식의 의의 2. 영양소 및 영양섭취기준, 식단작성 3. 식품구매 및 재고관리 4. 식품의 검수 및 식품감별 5. 조리장의 시설 및 설비 관리 6. 원가의 의의 및 종류	1. 급식의 의의 1. 영양소 및 영양섭취기준, 식단 작성 1. 식품구매 및 재고관리 1. 식품의 검수 및 식품감별 1. 조리장의 시설 및 설비 관리 1. 원가의 의의 및 종류 2. 원가분석 및 계산

출제기준(실기)

직무 분야	음식 서비스	중직무 분야	조리	자격 종목	일식조리기능사	적용 기간	2019.1.1 ~ 2019.12.31.

- 직무내용 : 일식조리부분에 배속되어 제공될 음식에 대한 기초 계획을 세우고 식재료를 구매, 관리, 손질하여 맛, 영양, 위생적인 음식을 조리하고 조리기구 및 시설관리, 유지하는 직무
- 수행준거 : 1. 일식의 고유한 형태와 맛을 표현할 수 있다.
  2. 식재료의 특성을 이해하고 용도에 맞게 손질할 수 있다.
  3. 레시피를 정확하게 숙지하고 적절한 도구 및 기구를 사용할 수 있다.
  4. 기초조리기술을 능숙하게 할 수 있다.
  5. 조리과정이 위생적이고 정리정돈을 잘 할 수 있다.

실기검정방법	작업형	시험시간	70분 정도

실기과목명	주요항목	세부항목	세세항목
일식조리 작업	1. 기초조리작업	1. 식재료별 기초손질 및 모양썰기	1. 식재료를 각 음식의 형태와 특징에 알맞도록 손질할 수 있다.
	2. 국류	1. 대합, 도미, 가재 맑은국 조리하기	1. 주어진 재료를 사용하여 요구사항대로 국류를 조리할 수 있다.
	3. 회류	1. 어패류, 채소류, 해초류 조리하기	1. 주어진 재료를 사용하여 요구사항대로 회류를 조리할 수 있다.
	4. 구이류	1. 육류, 어패류, 채소류, 버섯류 조리하기	1. 주어진 재료를 사용하여 요구사항대로 구이류를 조리할 수 있다.
	5. 삶은요리 ,조림류	1. 육류, 어패류, 채소류, 버섯류 조리하기	1. 주어진 재료를 사용하여 요구사항대로 삶은요리, 조림류를 조리할 수 있다.
	6. 튀김류	1. 육류, 어패류, 채소류, 버섯류, 해초류 조리하기	1. 주어진 재료를 사용하여 요구사항대로 튀김류를 조리할 수 있다.
	7. 찜류	1. 어패류, 해초류, 채소류, 버섯류 조리하기	1. 주어진 재료를 사용하여 요구사항대로 찜류를 조리할 수 있다.
	8. 초무침류	1. 어패류, 해초류, 채소류, 과일류 조리하기	1. 주어진 재료를 사용하여 요구사항대로 초무침류를 조리할 수 있다.
	9. 볶음류	1. 육류, 어패류, 채소류(버섯류) 조리하기	1. 주어진 재료를 사용하여 요구사항대로 볶음류를 조리할 수 있다.
	10. 무침류	1. 육류, 어패류, 채소류(버섯류) 조리하기	1. 주어진 재료를 사용하여 요구사항대로 무침류를 조리할 수 있다.

실기과목명	주요항목	세부항목	세세항목
일식조리 작업	11. 냄비류	1. 육류, 어패류, 채소류, 건어물, 해초류, 버섯류 조리하기	1. 주어진 재료를 사용하여 요구사항대로 냄비류를 조리할 수 있다.
	12. 초밥류	1. 생선초밥, 김초밥, 유부초밥, 상자초밥, 주먹밥 조리하기	1. 주어진 재료를 사용하여 요구사항대로 초밥류를 조리할 수 있다.
	13. 덮밥류	1. 쇠고기, 닭고기, 송이, 돈까스, 달걀덮밥 조리하기	1. 주어진 재료를 사용하여 요구사항대로 덮밥류를 조리할 수 있다.
	14. 면류	1. 우동, 메밀국수, 소면 조리하기	1. 주어진 재료를 사용하여 요구사항대로 면류를 조리할 수 있다.
	15. 된장국	1. 된장국(적된장, 백된장) 조리하기	1. 주어진 재료를 사용하여 요구사항대로 된장국을 조리할 수 있다.
	16. 굳힘조리	1. 굳힘조리하기	1. 주어진 재료를 사용하여 요구사항대로 굳힘 요리를 조리할 수 있다.
	17. 후식(구다모노)	1. 과일류 조리하기 2. 양갱 또는 일본식과자 조리하기	1. 주어진 재료를 사용하여 요구사항대로 후식을 조리할 수 있다. 1. 주어진 재료를 사용하여 요구사항대로 후식을 조리할 수 있다.
	18. 담기	1. 그릇 담기	1. 적절한 그릇에 담는 원칙에 따라 음식을 모양 있게 담아 음식의 특성을 살려 낼 수 있다.
	19. 조리작업관리	1. 조리작업, 안전, 위생 관리하기	1. 조리복·위생모 착용, 개인위생 및 청결 상태를 유지할 수 있다. 2. 식재료를 청결하게 취급하며 전 과정을 위생적으로 정리정돈하고 조리할 수 있다.

03 일식조리기능사 실기조리법

1. 달걀말이

❶ 날달걀을 충분히 저어준 뒤, 식힌 다시 물을 부어서 다시 저어준 후 체에 내린다.

❷ 달걀말이 팬을 달군 후 기름종이로 충분히 코팅을 해준다.

❸ 달군팬에 달걀물을 높이 0.3cm가 되도록 부어준 후, 바깥쪽으로 밀어서 말아놓는다.

❹ 다시 달걀물을 높이 0.3cm가 되도록 부어준 뒤, 바깥쪽에 말아진 달걀말이 밑을 들어서 날달걀물이 밑에 스며들도록 해 준 다음, 표면에 기포가 생기면 나무젓가락으로 퐁퐁 눌러 기포를 제거하고 달걀물이 2/3 정도 익으면 안쪽으로 나무젓가락을 이용해서 말아준다.

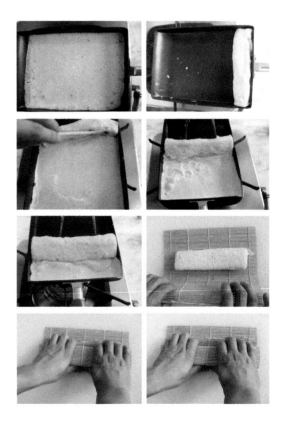

❺ 달걀말이를 다시 바깥쪽으로 밀어 놓고 기름종이로 바닥을 닦아가면서 코팅하고, 다시 달걀물을 붓고 같은 동작을 달걀물을 다 사용할 때까지 한다.

❻ 달걀물을 다 사용한 후 김발 위에 옮겨 놓고 김발로 달걀말이 틀을 잡는다.

2. 후끼요세

❶ 냄비에 물 2컵 정도를 끓이면서 날달걀 1개에 소금을 넣고 젓가락으로 충분히 저어준다.

❷ 물이 끓으면 중불로 줄이고 달걀을 원을 그리듯이 천천히 부어준다.

❸ 물 속에서 달걀이 응고되는 것을 나무젓가락으로 건드려 보면서 확인 후 불을 끄고 체에 붓는다.

❹ 체에 부은 익은 달걀을 김발에 옮기고 김발 틀에서 굳힌다.

3. 배추말이

❶ 냄비에 물을 끓이면서 배추의 줄기와 잎 부분을 자른다.

❷ 끓는 물에 소금을 넣고 난 후 줄기부터 넣고, 30초 정도 지난 후에 잎 부분을 넣는다.

❸ 젓가락으로 배추가 익은 정도를 확인 후 잔불에 남겨 둔다.

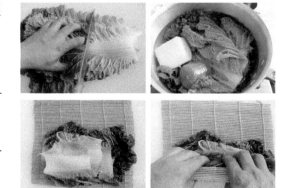

❹ 충분히 식은 배추를 김발에 포개어
놓고 돌돌 말아서 배추말이를 완성
한다.

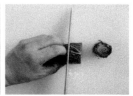

4. 야꾸미

❶ 무는 껍질을 벗겨내고 강판에 갈은 다
음 찬물에 헹구어 수분을 제거 후 고
운 고춧가루로 버무려 완성한다.

❷ 실파는 0.5cm로 송송 썰어서 찬물에
담궈 매운맛을 제거한 뒤 수분제거 후
완성한다.

❸ 레몬은 반달모양으로 두께 0.3cm 크
기로 자르고, 가운데 씨를 제거하여
완성한다.

5. 하리쇼가 및 초생강

❶ 생강을 칼등으로 껍질을 벗긴 후
1mm 정도 굵기로 최대한 가늘게 편
을 썬다.(하리쇼가)

❷ 끓는 물에 편 썬 생강을 넣고 10분 정
도 삶은 후 바로 식초, 설탕, 소금으로 배합한 물에 담궈 새콤달콤한 맛을 들인
다.(초생강)

6. 다시물 내기

❶ 젖은 면보로 닦은 다시마를 찬물에 30 분 정도 담궈 둔 후, 불에서 팔팔 끓으면 다시마를 건져내고 식혀둔다. 가쓰오부시가 나올 경우 다시마를 건져내고 바로 가쓰오부시를 담궈 20분 정도 맛을 우려낸 뒤 면보에 걸러낸다.

7. 조개 눈 제거

❶ 도마에 행주를 포개어 깔아둔다.
❷ 조개의 눈을 향하여 대바 칼로 위에서 내려썰고, 다시 조개를 뒤집어 위에서 썰어 제거한다.

8. 초밥잡기

❶ 오른손으로 초밥을 엄지, 검지, 중지 손가락으로 잡고 둥글게 모양을 잡는다.
❷ 왼손의 엄지, 검지로 생선을 잡고 오른손의 검지로 와사비를 묻혀서 왼손의 생선 가운데에 바른 후 행주에 닦는다.
❸ 왼손에 생선과 초밥이 올려지면 오른손의 검지와 중지를 함께 모아 엄지와

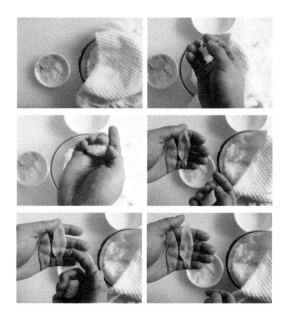

함께 초밥이 원기둥이 되도록 틀을 잡아준다.

❹ 왼손의 생선과 초밥을 $180°$ 뒤집은 후 오른손 검지와 중지손가락을 함께 모아, 생선을 위에서부터 아래로 쓰다듬어 내려가면서 생선과 초밥이 잘 붙어 있도록 한다.

❺ 완성된 초밥은 오른손으로 잡아 접시의 $45°$ 방향으로 비슷하게 담아낸다.

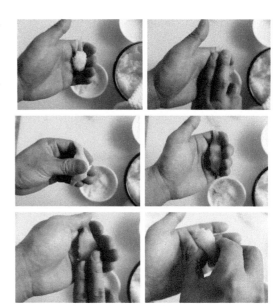

9. 레몬오리발

❶ 왼손의 엄지와 중지로 레몬을 잡고 오른손으로 사시미칼을 잡는다.

❷ 왼손의 위치는 오른쪽 가슴 앞으로 향하게 하고, 처음에 칼집을 넣을 경우 칼을 $45°$ 오른쪽으로 틀어 칼집을 레몬껍질에 밀어서 꽂아 넣는다. 바로 이어서 칼을 $60°$ 정도 칼을 위로 세우면서 원위치로 끌어당기듯 베어 온다. 다음으로 칼의 방향을 약간 틀어 다시 세워서 꽂은 후 당기듯 베어 온다.

❸ 위와 같은 반복적인 동작으로 완성품이 부채꼴 모양의 레몬껍질에 5개의 발가락을 만들어 오리발을 완성한다.

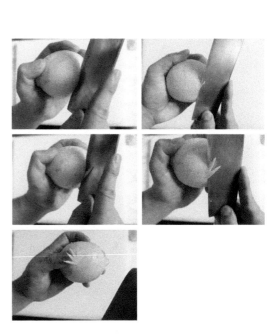

10. 와사비 개기

❶ 와사비를 1/2 정도 남겨두고 사용하는 와사비 분량과 동일한 물을 넣고 걸쭉하게 저어준다.

❷ 개어놓은 와사비는 매운맛이 감해지지 않도록 그릇을 뒤집어 놓거나 위에 밀봉을 해서 보관한다.

❸ 와사비의 용도에 따라 나뭇잎 모양을 내어서 완성한다.

04 일식조리기능사 실기

- 된장국 / • 대합 맑은국

- 도미머리 맑은국 / • 전골냄비

- 모둠 냄비 / • 도미냄비

- 김초밥 / • 참치 김초밥

- 생선초밥 / • 문어초회

- 해삼초회 / • 갑오징어 명란알무침

- 생선모둠회 / • 삼치 소금구이

- 소고기 간장구이 / • 닭 버터구이

- 소고기 양념 튀김 / • 모둠 튀김

- 달걀찜 / • 대합술찜

- 도미 술찜 / • 도미조림

- 소고기 덮밥 / • 꼬치냄비

- 튀김두부 / • 달걀말이

- 우동볶음 / • 메밀국수

- 전복버터구이

된장국
味噌汁-みそしる

시험시간 20분

요구사항
※주어진 재료를 사용하여 된장국을 만드시오.

가. 다시마와 가다랑어포(가쓰오부시)로 가다랑어국물(가쓰오다시)을 만드시오.

나. 1cm×1cm×1cm로 썬 두부와 미역은 데쳐 사용하시오.

다. 된장을 풀어 한소끔 끓여내시오.

재료
일본된장 40g, 건미역 5g, 판두부 20g, 실파 20g, 건다시마(5×10cm) 1장
가다랑어포(가쓰오부시) 5g, 청주 20ml, 산초가루 1g

수험자 유의사항

1) 만드는 순서에 유의하며, 위생과 숙련된 기능평가를 위하여 조리작업 시 맛을 보지 않습니다.
2) 지정된 수험자지참준비물 이외의 조리기구나 재료를 시험장 내에 지참할 수 없습니다.
3) 지급재료는 시험 전 확인하여 이상이 있을 경우 시험위원으로부터 조치를 받고 시험 중에는 재료의 교환 및 추가지급은 하지 않습니다.
4) 요구사항의 규격은 "정도"의 의미를 포함하며, 지급된 재료의 크기에 따라 가감하여 채점합니다.
5) 위생상태 및 안전관리 사항을 준수합니다.
6) 다음 사항에 대해서는 **채점대상에서 제외하니** 특히 유의하시기 바랍니다.
   - 기　권 – 수험자 본인이 시험 도중 시험에 대한 포기 의사를 표현하는 경우
   - 실　격 – 가스레인지 2개 이상(2개 포함) 사용한 경우
       - 불을 사용하여 만든 조리작품이 작품특성에 벗어나는 정도로 타거나 익지 않은 경우
       - 시험 중 시설 · 장비(칼, 가스레인지 등) 사용 시 감독위원 및 타수험자의 시험 진행에 위협이 될 것으로 감독위원 전원이 합의하여 판단한 경우
   - 미완성 – 시험시간 내에 과제 두 가지를 제출하지 못한 경우
       - 문제의 요구사항대로 과제의 수량이 만들어지지 않은 경우
   - 오　작 – 구이를 찜으로 조리하는 등과 같이 조리방법을 다르게 한 경우
       - 해당 과제의 지급재료 이외의 재료를 사용하거나 석쇠 등 요구사항의 조리도구를 사용하지 않은 경우
   - 요구사항에 표시된 실격, 미완성, 오작에 해당하는 경우
7) 항목별 배점은 위생상태 및 안전관리 5점, 조리기술 30점, 작품의 평가 15점입니다.

 ## 만드는 방법

1. 다시마와 가다랑어포를 이용해 국물을 만든다.
2. 미역은 물에 불려 끓는 물에 살짝 데치고 두부는 사방 1cm크기로 잘라 데쳐둔다.
3. 실파는 잘게 썰어 찬물에 헹구어 물기를 제거해 둔다.
4. 데쳐둔 미역과 두부를 그릇에 담고 준비된 가다랑어 국물에 된장을 풀어 살짝 끓인 후 체에 걸러 그릇에 담고 실파와 산초가루를 올려 완성한다.

- 일본식 된장국은 오래 끓이면 텁텁해 지므로 단시간에 살짝 끓여 낸다.
- 미역은 끓는 물에 소금을 넣고 살짝 데쳐 찬물에 담가야 색을 잘 살릴 수 있다.

대합 맑은국
蛤吸物-はまくりすまし

시험시간 20분

요구사항

※주어진 재료를 사용하여 대합 맑은국을 만드시오.

가. 조개 상태를 확인한 후 해감하시오.

나. 다시마와 백합조개를 넣어 끓으면 다시마를 건져내시오.

재료
백합조개 2개(개당 40g 정도, 5cm 내외), 건 다시마(5×10cm) 1장, 쑥갓 10g
레몬 1/4개, 국 간장 - 5ml, 소금 10g, 청주 5ml

만드는 방법

1. 조개는 3% 정도의 소금물에 담가 해감을 시켜둔다.
2. 쑥갓은 찬물에 담가 순을 살려 놓고 레몬 껍질 부분을 오리발 모양으로 만들어 놓는다.
3. 냄비에 다시마와 조개를 넣고 은근히 끓인다.
4. 끓기 시작하면 다시마를 건져 내고 청주, 간장, 소금으로 간을 한다.
5. 그릇에 조개를 건져 담고 국물을 8부정도 부어준 다음 쑥갓과 레몬 오리발을 올려 완성한다.

- 조개는 서로 두드려서 차돌 부딪치는 소리가 나는 것이 신선한 것이다.
- 너무 오래 끓이면 조개가 질겨지므로 주의한다.

도미머리 맑은국
鯛吸物-たいすまし

시험시간 30분

※주어진 재료를 사용하여 도미머리 맑은국을 만드시오.

가. 도미머리 부분을 반으로 갈라 50~60g 정도 크기로 사용하시오.
　　(도미 몸통(살) 사용할 경우 오작 처리)

나. 소금을 뿌려 놓았다가 끓는 물에 데쳐 손질하시오.

다. 다시마와 도미머리를 넣어 은근하게 국물을 만들어 간 하시오.

라. 대파의 흰 부분은 곱게 채를 썰어 사용하시오(시라가 네기).

마. 간을 하여 각 곁들일 재료를 넣어 국물을 부어 완성하시오.

재료
도미(200~250g) 1마리(도미과제 중복 시 두 가지 과제에 도미 1마리 지급)
죽순 30g, 레몬 1/4개, 건다시마(5×10cm) 1장, 소금(정제염) 20g
국 간장 5ml, 청주 5ml, 대파 1토막

수험자 유의사항

1) 만드는 순서에 유의하며, 위생과 숙련된 기능평가를 위하여 조리작업 시 맛을 보지 않습니다.

2) 지정된 수험자지참준비물 이외의 조리기구나 재료를 시험장 내에 지참할 수 없습니다.

3) 지급재료는 시험 전 확인하여 이상이 있을 경우 시험위원으로부터 조치를 받고 시험 중에는 재료의 교환 및 추가지급은 하지 않습니다.

4) 요구사항의 규격은 "정도"의 의미를 포함하며, 지급된 재료의 크기에 따라 가감하여 채점합니다.

5) 위생상태 및 안전관리 사항을 준수합니다.

6) 다음 사항에 대해서는 **채점대상에서 제외하니** 특히 유의하시기 바랍니다.

- 기 권 – 수험자 본인이 시험 도중 시험에 대한 포기 의사를 표현하는 경우
- 실 격 – 가스레인지 2개 이상(2개 포함) 사용한 경우
  - 불을 사용하여 만든 조리작품이 작품특성에 벗어나는 정도로 타거나 익지 않은 경우
  - 시험 중 시설·장비(칼, 가스레인지 등) 사용 시 감독위원 및 타수험자의 시험 진행에 위협이 될 것으로 감독위원 전원이 합의하여 판단한 경우
- 미완성 – 시험시간 내에 과제 두 가지를 제출하지 못한 경우
  - 문제의 요구사항대로 과제의 수량이 만들어지지 않은 경우
- 오 작 – 구이를 찜으로 조리하는 등과 같이 조리방법을 다르게 한 경우
  - 해당 과제의 지급재료 이외의 재료를 사용하거나 석쇠 등 요구사항의 조리도구를 사용하지 않은 경우
- 요구사항에 표시된 실격, 미완성, 오작에 해당하는 경우

7) 항목별 배점은 위생상태 및 안전관리 5점, 조리기술 30점, 작품의 평가 15점입니다.

 만드는 방법

1. 도미의 머리를 반으로 갈라 소금을 뿌려 둔다.
2. 대파는 중간에 칼집을 넣어 심을 빼고 세로로 가늘게 채 썰어 찬물에 행구어 놓고 레몬 껍질로 오리발을 만들어 둔다.
3. 죽순을 편으로 썰어 끓는 물에 데쳐두고 손질된 도미를 살짝 데쳐준다(시모후리).
4. 데쳐놓은 도미의 남은 이물질을 제거하고 다시마와 함께 끓여 준다.
5. 국물이 끓기 시작하면 다시마를 건져 내고 죽순을 넣은 후 청주, 간장, 소금으로 간을 한다.
6. 완성된 도미머리를 그릇에 담고 국물을 부은 다음 준비된 대파와 레몬 오리발을 올려 완성한다.

- 도미 손질 시모후리를 해주면 불순물을 제거하기 쉽다.
- 센 불에 오래 끓이면 국물이 탁해지므로 약한 불에서 끓여준다.

전골냄비
鋤燒-すきやき

시험시간 40분

요구사항
※주어진 재료를 사용하여 전골냄비(스끼야끼)를 만드시오.
가. 전골(스끼야끼) 양념장(다레)과 다시(국물)를 준비하시오.
나. 고기와 채소류를 각각 적합한 크기로 썰어 준비하시오.
다. 우엉은 연필깍이썰기(사사가끼)로 하시오.
라. 재료의 특성에 맞게 순서대로 볶아서 익히시오.
마. 달걀은 소스로 별도 제출하시오.

재료
소고기(등심) 100g, 배추 70g, 양파(중) 1/2개, 대파(흰부분) 1토막, 죽순 30g
우엉 40g, 실곤약 30g, 생표고버섯 20g, 팽이버섯 30g, 판두부 50g
쑥갓 30g, 건다시마(5×10cm) 1장, 달걀 1개, 청주 30ml, 백설탕 30g
진간장 50ml, 식용유 10ml
* 스끼야끼다레
  간장 3Ts, 청주 3Ts, 설탕 3Ts

수험자 유의사항

1) 만드는 순서에 유의하며, 위생과 숙련된 기능평가를 위하여 조리작업 시 맛을 보지 않습니다.
2) 지정된 수험자지참준비물 이외의 조리기구나 재료를 시험장 내에 지참할 수 없습니다.
3) 지급재료는 시험 전 확인하여 이상이 있을 경우 시험위원으로부터 조치를 받고 시험 중에는 재료의 교환 및 추가지급은 하지 않습니다.
4) 요구사항의 규격은 "정도"의 의미를 포함하며, 지급된 재료의 크기에 따라 가감하여 채점합니다.
5) 위생상태 및 안전관리 사항을 준수합니다.
6) 다음 사항에 대해서는 **채점대상에서 제외하니** 특히 유의하시기 바랍니다.
   - 기　권 – 수험자 본인이 시험 도중 시험에 대한 포기 의사를 표현하는 경우
   - 실　격 – 가스레인지 2개 이상(2개 포함) 사용한 경우
     - 불을 사용하여 만든 조리작품이 작품특성에 벗어나는 정도로 타거나 익지 않은 경우
     - 시험 중 시설 · 장비(칼, 가스레인지 등) 사용 시 감독위원 및 타수험자의 시험 진행에 위협이 될 것으로 감독위원 전원이 합의하여 판단한 경우
   - 미완성 – 시험시간 내에 과제 두 가지를 제출하지 못한 경우
     - 문제의 요구사항대로 과제의 수량이 만들어지지 않은 경우
   - 오　작 – 구이를 찜으로 조리하는 등과 같이 조리방법을 다르게 한 경우
     - 해당 과제의 지급재료 이외의 재료를 사용하거나 석쇠 등 요구사항의 조리도구를 사용하지 않은 경우
   - 요구사항에 표시된 실격, 미완성, 오작에 해당하는 경우
7) 항목별 배점은 위생상태 및 안전관리 5점, 조리기술 30점, 작품의 평가 15점입니다.

 만드는 방법

1. 다시마 육수를 준비하고 우엉은 연필깎기(사사가키) 하여 찬물에 행구어 둔다.
2. 배추를 한입 크기로 썰고 양파는 반으로 잘라 1cm 두께로 썰어 놓는다. 죽순은 편으로 썰고 두부는 1cm 두께로 2~3토막 낸다. 대파는 어슷썰어 준비하고 표고는 밑둥 제거 후 별모양으로 칼집을 넣어 준다.
3. 스끼야끼다레를 만들어 둔다.
4. 끓는 물에 죽순과 실곤약을 데쳐내고
5. 두부는 석쇠나 쇠꼬챙이를 이용해 불에 굽는다.
6. 접시에 보기 좋게 준비된 재료를 담고 앞쪽으로 고기를 약 0.2cm 두께로 썰어 가지런히 담는다.

＊ 시험 감독관에 따라 요구사항이 조금씩 다르므로 사라모리 시에는 위와 같이 완성시키고 익혀서 내는 경우는 다음과 같다.
  - 팬에 기름을 살짝 두르고 우엉과 배추, 양파 등 단단한 채소부터 순서대로 볶아주다 나머지 재료를 넣고 준비한 다시마 육수와 스키야끼다레를 번갈아 부어주며 간을 들여 익혀 완성한다.

 TIP

• 등심은 살짝 얼어있는 상태에서 썰어 주면 얇게 썰 수 있다.
• 연필깎기한 우엉은 식초물에 담가두면 갈변되는 것을 방지할 수 있다.

모둠냄비
寄鍋-よせなべ

시험시간 50분

요구사항

※주어진 재료를 사용하여 다음과 같이 모둠냄비를 만드시오.
가. 재료는 규격에 알맞도록 썰고 삶거나 데쳐 내시오.
나. 다시마와 가다랑어포(가쓰오부시)로 가다랑어국물(가쓰오 다시)을 만드시오.
다. 달걀은 끓는 물에 살짝 풀어 익혀 후끼요세다마고로 만드시오.
라. 당근은 매화꽃, 무는 은행잎 모양으로 만들어 익혀내시오.

재료
새우(40g) 1마리, 갑오징어살 50g(오징어 대체가능), 가다랑어포 20g, 닭고기살 20g, 찜어묵(판어묵) 30g, 달걀 1개, 당근 60g, 무 60g, 배추(2장 정도) 80g
판두부 70g, 백합조개 1개(모시조개 대체가능), 생표고버섯 20g
대파 1토막(흰부분 10cm), 팽이버섯 30g, 건다시마(5×10cm) 1장, 흰 생선살 50g
쑥갓 30g, 죽순 30g, 청주 30ml, 진간장 10ml, 소금 10g, 이쑤시개 1개
*냄비다시
 가다랑어국물 2.5컵, 간장 1Ts, 청주 1Ts, 소금 조금

수험자 유의사항

1) 만드는 순서에 유의하며, 위생과 숙련된 기능평가를 위하여 조리작업 시 맛을 보지 않습니다.

2) 지정된 수험자지참준비물 이외의 조리기구나 재료를 시험장 내에 지참할 수 없습니다.

3) 지급재료는 시험 전 확인하여 이상이 있을 경우 시험위원으로부터 조치를 받고 시험 중에는 재료의 교환 및 추가지급은 하지 않습니다.

4) 요구사항의 규격은 "정도"의 의미를 포함하며, 지급된 재료의 크기에 따라 가감하여 채점합니다.

5) 위생상태 및 안전관리 사항을 준수합니다.

6) 다음 사항에 대해서는 **채점대상에서 제외하니** 특히 유의하시기 바랍니다.

- 기　권 – 수험자 본인이 시험 도중 시험에 대한 포기 의사를 표현하는 경우
- 실　격 – 가스레인지 2개 이상(2개 포함) 사용한 경우
  - 불을 사용하여 만든 조리작품이 작품특성에 벗어나는 정도로 타거나 익지 않은 경우
  - 시험 중 시설 · 장비(칼, 가스레인지 등) 사용 시 감독위원 및 타수험자의 시험 진행에 위협이 될 것으로 감독위원 전원이 합의하여 판단한 경우
- 미완성 – 시험시간 내에 과제 두 가지를 제출하지 못한 경우
  - 문제의 요구사항대로 과제의 수량이 만들어지지 않은 경우
- 오　작 – 구이를 찜으로 조리하는 등과 같이 조리방법을 다르게 한 경우
  - 해당 과제의 지급재료 이외의 재료를 사용하거나 석쇠 등 요구사항의 조리도구를 사용하지 않은 경우
- 요구사항에 표시된 실격, 미완성, 오작에 해당하는 경우

7) 항목별 배점은 위생상태 및 안전관리 5점, 조리기술 30점, 작품의 평가 15점입니다.

 만드는 방법

1. 다시마와 가다랑어포를 이용해 육수를 뽑고 냄비다시를 만들어 둔다.

2. 매화어묵은 물결모양으로 썰어 준비한다.

3. 쑥갓은 찬물에 담가 순을 살리고 무는 은행잎 모양으로 자르고 당근은 매화꽃을 만든다.

4. 표고는 밑둥을 떼어내고 별모양으로 칼집을 넣어 주고 죽순은 편으로 썰어 배추와 같이 끓는 물에 데쳐낸다.

5. 모양낸 무와 당근을 삶아내고 두부는 1cm 정도 두께로 잘라둔다.

6. 새우는 내장을 제거하고 오징어는 껍질을 제거한 후 안쪽에 칼집을 넣어둔다.

7. 끓는 물에 찜어묵, 새우, 오징어, 흰 살생선, 닭고기 순으로 데쳐낸다.

8. 끓는 물에 소금을 넣고 달걀을 풀어 익힌 후 체에 받쳐 김발로 모양을 잡아준다.(후끼요세 다마고)

9. 준비된 재료를 냄비에 보기 좋게 담고 냄비다시를 부어 끓인 후 쑥갓과 팽이버섯을 올려 완성한다.

- 갑오징어 껍질은 소금이나 마른 행주를 사용 하면 쉽게 벗겨진다.
- 가쓰오부시 국물을 잘 뽑아야 모둠냄비 특유의 담백하고 시원한 맛을 느낄 수 있다.
- 후끼요세다마고는 달걀을 잘 풀어 끓는 물에 원을 그리며 살며시 넣은 다음 2/3가량 익었을 때 재빨리 체에 받쳐 물기 제거 후 김발에 말아 모양을 잡아준다.

도미냄비
鯛鍋-たいちり

시험시간 30분

요구사항

※주어진 재료를 사용하여 다음과 같은 도미냄비를 만드시오.

가. 손질한 도미를 5~6cm로 자르고 머리는 반으로 갈라 소금을 뿌리시오.

나. 머리와 꼬리는 데친 후 불순물을 제거하시오.

다. 무는 은행잎, 당근은 매화 모양으로 만드시오.

라. 양념(야꾸미)과 초간장(폰즈/지리스)을 만드시오.

재료

도미(1마리) 150g, 배추 70g, 무 110g, 당근 60g, 대파(흰부분) 1토막
판두부 60g, 생표고버섯 20g, 쑥갓 30g, 실파(1뿌리) 20g, 레몬 1/4개
건디시마(5×10cm) 1장, 죽순 50g, 팽이버섯 30g, 청주 20ml, 소금(정제염) 10g
고운고추가루 5g, 진간장 30ml, 식초 30ml, 맛술(미림) 20ml
*초간장(ポン酢)
 다시마국물 1.5Ts, 간장 1Ts, 식초 1Ts

1) 만드는 순서에 유의하며, 위생과 숙련된 기능평가를 위하여 조리작업 시 맛을 보지 않습니다.

2) 지정된 수험자지참준비물 이외의 조리기구나 재료를 시험장 내에 지참할 수 없습니다.

3) 지급재료는 시험 전 확인하여 이상이 있을 경우 시험위원으로부터 조치를 받고 시험 중에는 재료의 교환 및 추가지급은 하지 않습니다.

4) 요구사항의 규격은 "정도"의 의미를 포함하며, 지급된 재료의 크기에 따라 가감하여 채점합니다.

5) 위생상태 및 안전관리 사항을 준수합니다.

6) 다음 사항에 대해서는 **채점대상에서 제외하니** 특히 유의하시기 바랍니다.
- • 기　권 – 수험자 본인이 시험 도중 시험에 대한 포기 의사를 표현하는 경우
- • 실　격 – 가스레인지 2개 이상(2개 포함) 사용한 경우
　　　　　 – 불을 사용하여 만든 조리작품이 작품특성에 벗어나는 정도로 타거나 익지 않은 경우
　　　　　 – 시험 중 시설·장비(칼, 가스레인지 등) 사용 시 감독위원 및 타수험자의 시험 진행에 위협이 될 것으로 감독위원 전원이 합의하여 판단한 경우
- • 미완성 – 시험시간 내에 과제 두 가지를 제출하지 못한 경우
　　　　　 – 문제의 요구사항대로 과제의 수량이 만들어지지 않은 경우
- • 오　작 – 구이를 찜으로 조리하는 등과 같이 조리방법을 다르게 한 경우
　　　　　 – 해당 과제의 지급재료 이외의 재료를 사용하거나 석쇠 등 요구사항의 조리도구를 사용하지 않은 경우
- • 요구사항에 표시된 실격, 미완성, 오작에 해당하는 경우

7) 항목별 배점은 위생상태 및 안전관리 5점, 조리기술 30점, 작품의 평가 15점입니다.

 만드는 방법

1. 다시마를 이용하여 곤부다시를 만들어 둔다.

2. 쑥갓은 찬물에 담가 순을 살려 두고 도미를 손질하여 4~5등분한 후 소금을 뿌려둔다.

3. 무는 은행잎, 당근은 매화꽃 모양으로 만들어 삶는다.

4. 대파는 어슷 썰고 두부는 2~3등분 해놓는다.

5. 표고버섯은 밑둥 제거 후 별모양을 내고 배추와 죽순은 끓는 물에 데쳐 식혀 둔다.

6. 무를 강판에 갈아서 찬물에 행군 후 매운맛을 제거하고 고운 고춧가루에 버무려 놓고 실파는 송송 썰어 찬물에 행구어 물기를 제거한다.

7. 도미를 끓는 물에 데친 후 불순물을 제거한다.

8. 냄비에 손질된 재료를 보기 좋게 담아 다시마 국물을 붓고 소금, 맛술, 청주로 간을 하여 끓인 후 쑥갓과 팽이 버섯을 올려 완성한다.

9. 준비된 양념(야꾸미)과 레몬, 초간장을 곁들여 낸다.

 TIP

• 도미를 데친 후 남아있는 불순물을 완벽히 제거해줘야 비린 맛이나 씁쓸한 맛을 없앨 수 있다.

김초밥
海台卷-のりまきすし

시험시간 25분

요구사항

※**주어진 재료를 사용하여 다음과 같이 김초밥을 만드시오.**

가. 박고지, 달걀말이, 오이 등 김초밥 속재료를 만드시오.

나. 초밥초를 만들어 밥에 간하여 식히시오.

다. 김초밥은 일정한 두께와 크기로 8등분하여 담으시오.

라. 간장을 곁들여 제출하시오.

재료

초밥김 1장, 밥 200g, 달걀 2개, 박고지 10g, 청차조기잎 1장
오이 1/4개, 오보로 10g, 식초 70ml, 백설탕 50g, 소금 20g
식용유 10ml, 진간장 20ml, 맛술 10ml, 통생강 30g
*배합초
 식초 3Ts, 설탕 2Ts, 소금 1Ts
*박고지 조림장
 간장 3Ts, 설탕 3Ts, 술 1Ts, 물 1/2C

수험자 유의사항

1) 만드는 순서에 유의하며, 위생과 숙련된 기능평가를 위하여 조리작업 시 맛을 보지 않습니다.
2) 지정된 수험자지참준비물 이외의 조리기구나 재료를 시험장 내에 지참할 수 없습니다.
3) 지급재료는 시험 전 확인하여 이상이 있을 경우 시험위원으로부터 조치를 받고 시험 중에는 재료의 교환 및 추가지급은 하지 않습니다.
4) 요구사항의 규격은 "정도"의 의미를 포함하며, 지급된 재료의 크기에 따라 가감하여 채점합니다.
5) 위생상태 및 안전관리 사항을 준수합니다.
6) 다음 사항에 대해서는 **채점대상에서 제외하니** 특히 유의하시기 바랍니다.
  - 기 권 – 수험자 본인이 시험 도중 시험에 대한 포기 의사를 표현하는 경우
  - 실 격 – 가스레인지 2개 이상(2개 포함) 사용한 경우
    - 불을 사용하여 만든 조리작품이 작품특성에 벗어나는 정도로 타거나 익지 않은 경우
    - 시험 중 시설 · 장비(칼, 가스레인지 등) 사용 시 감독위원 및 타수험자의 시험 진행에 위협이 될 것으로 감독위원 전원이 합의하여 판단한 경우
  - 미완성 – 시험시간 내에 과제 두 가지를 제출하지 못한 경우
    - 문제의 요구사항대로 과제의 수량이 만들어지지 않은 경우
  - 오 작 – 구이를 찜으로 조리하는 등과 같이 조리방법을 다르게 한 경우
    - 해당 과제의 지급재료 이외의 재료를 사용하거나 석쇠 등 요구사항의 조리도구를 사용하지 않은 경우
  - 요구사항에 표시된 실격, 미완성, 오작에 해당하는 경우
7) 항목별 배점은 위생상태 및 안전관리 5점, 조리기술 30점, 작품의 평가 15점입니다.

 만드는 방법

1. 시소는 찬물에 담가 순을 살려 놓고 배합초를 만들어 뜨거운 밥과 섞어 놓는다.
2. 오이는 씨를 제거하고 소금을 뿌려 두고 박고지는 뜨거운 물에 불린 다음 소금으로 깨끗이 문지른 후 끓는 물에 데쳐 조림장에 간이 잘 배이게 조려 둔다.
3. 달걀에 설탕, 간장, 소금, 맛술로 간을 하여 달걀말이를 한다.
4. 생강을 얇게 져며 끓는 물에 삶은 후 남은 배합초에 담가 둔다.
5. 김발에 김을 올려 준비된 밥을 깔고 생선 오보로, 박고지, 달걀말이, 오이를 가지런히 놓고 말아 8~10등분을 한다.
6. 접시에 김초밥과 초 생강을 올려 완성한다.

- 배합초는 설탕이 녹을 정노보만 살짝 끓여 준다.
- 손에 물을 묻혀 주면 밥알이 달라붙지 않는다.
- 김은 가로방향으로 놓고 거친 면 위에 밥을 올려야 말았을 때 모양이 좋다.
- 일식의 김초밥은 정사각의 형태로 말아야 한다.

참치 김초밥
鐵火卷-てっかまき

시험시간 20분

※**주어진 재료를 사용하여 참치 김초밥을 만드시오.**
가. 김을 반장으로 자르고, 눅눅하거나 구워지지 않은 김은 구
　 워 사용하시오.
나. 고추냉이와 초생강을 만드시오.
다. 초밥 2줄은 일정한 크기 12개로 잘라내시오.
라. 간장을 곁들여 내시오.

재료
붉은색 참치살 100g, 고추냉이 15g, 창차조기잎 1장(깻잎으로 대체가능)
초밥용 김 1장, 밥 120g, 통생강 20g, 식초 70ml, 백설탕 50g
소금 20g, 진간장 10ml
*초밥초
　식초 3Ts, 설탕 2Ts, 소금 1Ts

수험자 유의사항

1) 만드는 순서에 유의하며, 위생과 숙련된 기능평가를 위하여 조리작업 시 맛을 보지 않습니다.

2) 지정된 수험자지참준비물 이외의 조리기구나 재료를 시험장 내에 지참할 수 없습니다.

3) 지급재료는 시험 전 확인하여 이상이 있을 경우 시험위원으로부터 조치를 받고 시험 중에는 재료의 교환 및 추가지급은 하지 않습니다.

4) 요구사항의 규격은 "정도"의 의미를 포함하며, 지급된 재료의 크기에 따라 가감하여 채점합니다.

5) 위생상태 및 안전관리 사항을 준수합니다.

6) 다음 사항에 대해서는 **채점대상에서 제외하니** 특히 유의하시기 바랍니다.

   • 기 권 – 수험자 본인이 시험 도중 시험에 대한 포기 의사를 표현하는 경우

   • 실 격 – 가스레인지 2개 이상(2개 포함) 사용한 경우
      – 불을 사용하여 만든 조리작품이 작품특성에

벗어나는 정도로 타거나 익지 않은 경우
      – 시험 중 시설·장비(칼, 가스레인지 등) 사용 시 감독위원 및 타수험자의 시험 진행에 위협이 될 것으로 감독위원 전원이 합의하여 판단한 경우

   • 미완성 – 시험시간 내에 과제 두 가지를 제출하지 못한 경우
      – 문제의 요구사항대로 과제의 수량이 만들어지지 않은 경우

   • 오 작 – 구이를 찜으로 조리하는 등과 같이 조리방법을 다르게 한 경우
      – 해당 과제의 지급재료 이외의 재료를 사용하거나 석쇠 등 요구사항의 조리도구를 사용하지 않은 경우

   • 요구사항에 표시된 실격, 미완성, 오작에 해당하는 경우

7) 항목별 배점은 위생상태 및 안전관리 5점, 조리기술 30점, 작품의 평가 15점입니다.

 만드는 방법

1. 시소는 찬물에 담가 순을 살려 놓고 배합초를 만들어 뜨거운 밥과 섞어 놓는다.

2. 참치는 소금물에 씻어 해동지에 싸놓는다.

3. 생강을 얇게 져며 끓는 물에 삶은 후 남은 배합초에 담가둔다.

4. 고추냉이를 찬물에 개어 놓는다.

5. 김을 1/2로 잘라 준비된 밥을 깔고 고추냉이를 바른 후 참치를 올려 사각형으로 말아준다.

6. 5와 같이 한 개를 더 말아 각각 6등분씩하여 총 12쪽을 담고 초 생강을 올려 완성한다.

 TIP

• 참치가 중앙에 자리 잡도록 하려면 참치를 손으로 고정시키면서 말아주면 좋다.

• 칼에 물을 묻혀가며 자르면 밥알이 칼에 달라붙지 않는다.

생선초밥
握り壽司-にぎりすし

시험시간 40분

※주어진 재료를 사용하여 다음과 같이 생선초밥을 만드시오.
가. 각 생선류와 채소를 초밥용으로 손질하시오.
나. 초밥초(스시스)를 만들어 밥에 간하여 식히시오.
다. 곁들일 초생강을 만드시오.
라. 쥔초밥(니기리스시)을 만드시오.
마. 생선초밥은 8개를 만들어 제출하시오.
바. 간장을 곁들여 내시오.

재료
밥 200g, 광어(3×8cm) 50g, 도미살 30g, 붉은색 참치살 30g, 새우 1마리
학꽁치(중) 1/2마리(꽁치, 전어 대체가능), 문어 50g, 통생강 30g, 고추냉이 20g
청 차조기잎 1장(깻잎으로 대체가능), 식초 70ml, 백설탕 50g, 대꼬챙이 1개
소금 20g, 진간장 20ml
*배합초
 식초 1Ts, 설탕 2/3Ts, 소금 2.5g

만드는 방법

1. 시소는 찬물아 담가 순을 살려 두고 참치는 소금물에 씻어 해동지에 감싸 둔다.
2. 뜨거운 밥에 배합초를 섞어 젖은 면포로 덮어둔다.
3. 광어, 도미, 학꽁치는 손질 후 껍질을 벗겨 준비해 둔다.
4. 새우는 배쪽에 대꼬챙이를 꽂아 끓는 물에 데치고 문어도 살짝 데쳐 손질 한다.
5. 생강을 얇게 져며 삶은 다음 남은 배합초에 담가둔다.
6. 와사비를 찬물에 개어서 준비해 두고 새우는 껍질 제거 후 배쪽에 칼을 넣어 벌려두고 생선은 적당한 크기로 썰어 준비한다.
7. 준비된 재료로 초밥을 만들어 초생강과 함께 곁들여 완성시킨다.

• 밥이 뜨거울 때 배합초를 섞어준다.
• 손에 물을 너무 많이 묻히면 오히려 밥알이 풀어질 수 있으니 주의한다.

문어초회
蛸酢物-たこすのもの

시험시간 20분

요구사항

※주어진 재료를 사용하여 다음과 같이 문어초회를 만드시오.

가. 가다랑어국물을 만들어 양념초간장(도사스)을 만드시오.

나. 문어는 삶아 4~5cm 길이로 물결모양 썰기(하조기리)를 하시오.

다. 미역은 손질하여 4~5cm 정도 크기로 사용하시오.

라. 오이는 둥글게 썰거나 줄무늬(자바라)썰기 하여 사용하시오.

마. 문어초회 접시에 오이와 문어를 담고 양념초간장(도사스)을 끼얹어 레몬으로 장식하시오.

재료

문어다리(생문어 80g) 1개, 오이 1/2개, 건미역 5g, 레몬 1/4개

건다시마(5×10cm) 1장, 소금(정제염) 10g, 식초 30ml, 진간장 20ml

가다랑어포 5g, 설탕 10g

*도사스

다시물 3Ts, 식초 2Ts, 간장 1/2Ts, 설탕 1Ts

수험자 유의사항

1) 만드는 순서에 유의하며, 위생과 숙련된 기능평가를 위하여 조리작업 시 맛을 보지 않습니다.
2) 지정된 수험자지참준비물 이외의 조리기구나 재료를 시험장 내에 지참할 수 없습니다.
3) 지급재료는 시험 전 확인하여 이상이 있을 경우 시험위원으로부터 조치를 받고 시험 중에는 재료의 교환 및 추가지급은 하지 않습니다.
4) 요구사항의 규격은 "정도"의 의미를 포함하며, 지급된 재료의 크기에 따라 가감하여 채점합니다.
5) 위생상태 및 안전관리 사항을 준수합니다.
6) 다음 사항에 대해서는 **채점대상에서 제외하니** 특히 유의하시기 바랍니다.
- • 기   권 – 수험자 본인이 시험 도중 시험에 대한 포기 의사를 표현하는 경우
- • 실   격 – 가스레인지 2개 이상(2개 포함) 사용한 경우
  - – 불을 사용하여 만든 조리작품이 작품특성에 벗어나는 정도로 타거나 익지 않은 경우
  - – 시험 중 시설 · 장비(칼, 가스레인지 등) 사용 시 감독위원 및 타수험자의 시험 진행에 위협이 될 것으로 감독위원 전원이 합의하여 판단한 경우
- • 미완성 – 시험시간 내에 과제 두 가지를 제출하지 못한 경우
  - – 문제의 요구사항대로 과제의 수량이 만들어지지 않은 경우
- • 오   작 – 구이를 찜으로 조리하는 등과 같이 조리방법을 다르게 한 경우
  - – 해당 과제의 지급재료 이외의 재료를 사용하거나 석쇠 등 요구사항의 조리도구를 사용하지 않은 경우
- • 요구사항에 표시된 실격, 미완성, 오작에 해당하는 경우
7) 항목별 배점은 위생상태 및 안전관리 5점, 조리기술 30점, 작품의 평가 15점입니다.

 만드는 방법

1. 미역은 찬물에 불려 놓고 가쓰오부시 국물을 만들어 놓는다.
2. 오이의 가시부분만 정리하여 사선으로 2/3정도 촘촘히 칼집을 넣어준 다음 반대쪽으로 돌려 같은 방법으로 다시 한 번 칼집을 넣어 쟈바라규리를 만들고 소금에 절여둔다.
3. 끓는 물에 소금을 넣고 미역을 살짝 데친 후 문어도 살짝 익혀준다.
4. 접시에 절여둔 오이를 한입 크기로 잘라 담고 미역은 줄기부분을 제거 후 말아서 4~5cm 정도로 썰어 담는다.
5. 데친 문어의 껍질을 제거하여 파도썰기한 다음 접시 앞쪽에 보기 좋게 담고 초회소스를 뿌린 후 레몬을 올려 완성한다.

• 문어를 삶을 때 무로 가볍게 두드려 주면 보다 부드러워지며 너무 오래 삶으면 질겨지므로 크기에 따라 시간을 잘 조절하여야 한다.

해삼초회
海蔘酢物-なまこすのもの

시험시간 20분

주어진 재료를 사용하여 다음과 같은 해삼초회를 만드시오.

가. 오이를 둥글게 썰거나 줄무늬(자바라)썰기하여 사용하시오.
나. 미역을 손질하여 4~5cm 정도로 써시오.
다. 해삼은 내장과 모래가 없도록 손질하고 힘줄(스지)을 제거하시오.
라. 빨간 무즙(아까오로시)과 실파를 준비하시오.
마. 초간장(폰즈)을 끼얹어 내시오.

재료
해삼 100g, 오이 1/2개, 건미역 5g, 실파 20g, 무 20g, 레몬 1/4개
소금(정제염) 5g, 건다시마(5×10cm) 1장, 가다랑어포 10g, 식초 15ml
진간장 15ml, 고춧가루 5g
*폰즈
 가쓰오다시 1.5Ts, 식초 1Ts, 간장 1Ts

1) 만드는 순서에 유의하며, 위생과 숙련된 기능평가를 위하여 조리작업 시 맛을 보지 않습니다.

2) 지정된 수험자지참준비물 이외의 조리기구나 재료를 시험장 내에 지참할 수 없습니다.

3) 지급재료는 시험 전 확인하여 이상이 있을 경우 시험위원으로부터 조치를 받고 시험 중에는 재료의 교환 및 추가지급은 하지 않습니다.

4) 요구사항의 규격은 "정도"의 의미를 포함하며, 지급된 재료의 크기에 따라 가감하여 채점합니다.

5) 위생상태 및 안전관리 사항을 준수합니다.

6) 다음 사항에 대해서는 **채점대상에서 제외하니** 특히 유의하시기 바랍니다.

- 기 권 – 수험자 본인이 시험 도중 시험에 대한 포기 의사를 표현하는 경우
- 실 격 – 가스레인지 2개 이상(2개 포함) 사용한 경우
  - 불을 사용하여 만든 조리작품이 작품특성에 벗어나는 정도로 타거나 익지 않은 경우
  - 시험 중 시설·장비(칼, 가스레인지 등) 사용 시 감독위원 및 타수험자의 시험 진행에 위협이 될 것으로 감독위원 전원이 합의하여 판단한 경우
- 미완성 – 시험시간 내에 과제 두 가지를 제출하지 못한 경우
  - 문제의 요구사항대로 과제의 수량이 만들어지지 않은 경우
- 오 작 – 구이를 찜으로 조리하는 등과 같이 조리방법을 다르게 한 경우
  - 해당 과제의 지급재료 이외의 재료를 사용하거나 석쇠 등 요구사항의 조리도구를 사용하지 않은 경우
- 요구사항에 표시된 실격, 미완성, 오작에 해당하는 경우

7) 항목별 배점은 위생상태 및 안전관리 5점, 조리기술 30점, 작품의 평가 15점입니다.

 만드는 방법

1. 미역은 찬물에 불려 놓고 가쓰오부시 국물을 만들어 놓는다.

2. 오이의 가시부분만 정리하여 사선으로 2/3정도 촘촘히 칼집을 넣어준 다음 반대쪽으로 돌려 같은 방법으로 다시 한번 칼집을 넣어 자바라규리를 만들고 소금에 절여둔다.

3. 끓는 물에 소금을 넣고 미역을 살짝 데쳐둔다.

4. 실파를 송송 썰어 찬물에 담가 매운맛을 제거하고 무는 강판에 갈아 찬물에 씻어 냄새 제거 후 물기를 짜고 고운 고춧가루에 무쳐 놓는다(모미지오로시).

5. 해삼의 앞뒤 부분을 잘라내고 배를 갈라 내장을 제거한 다음 적당한 크기로 잘라둔다.

6. 접시에 절여둔 오이를 한입 크기로 잘라 담고 미역은 줄기부분을 제거 후 말아서 4~5cm 정도로 썰어 담는다.

7. 손질된 해삼을 접시 앞쪽에 보기 좋게 담고 폰즈 소스를 뿌린 후 레몬, 실파, 모미지 오로시(야꾸미)를 올려 완성한다.

- 불린 해삼이 나올 경우 끓는 물에 살짝 데쳐서 사용한다.
- 미역을 말 때 넓은 것을 바닥에 깔아주면 깔끔하게 모양을 잡아줄 수 있다.

갑오징어 명란무침

甲烏賊明太子和え
-こういかのさくらあえ

시험시간 20분

요구사항

요구사항

※주어진 재료를 사용하여 다음과 같이 갑오징어 명란무
  침을 만드시오.

가. 명란젓은 껍질을 제거하고 알만 사용하시오.

나. 갑오징어는 속껍질을 제거하여 사용하시오.

다. 갑오징어를 두께 0.3cm 정도로 채 썰어 청주를 섞은
   물에 데쳐 사용하시오.

재료

갑오징어 70g, 명란젓 40g, 무순 10g, 소금 2g, 청주 30ml
청차조기잎(시소) 1장

1) 만드는 순서에 유의하며, 위생과 숙련된 기능평가를 위하여 조리작업 시 맛을 보지 않습니다.
2) 지정된 수험자지참준비물 이외의 조리기구나 재료를 시험장 내에 지참할 수 없습니다.
3) 지급재료는 시험 전 확인하여 이상이 있을 경우 시험위원으로부터 조치를 받고 시험 중에는 재료의 교환 및 추가지급은 하지 않습니다.
4) 요구사항의 규격은 "정도"의 의미를 포함하며, 지급된 재료의 크기에 따라 가감하여 채점합니다.
5) 위생상태 및 안전관리 사항을 준수합니다.
6) 다음 사항에 대해서는 **채점대상에서 제외하니** 특히 유의하시기 바랍니다.
   - 기　권 – 수험자 본인이 시험 도중 시험에 대한 포기 의사를 표현하는 경우
   - 실　격 – 가스레인지 2개 이상(2개 포함) 사용한 경우
     - 불을 사용하여 만든 조리작품이 작품특성에 벗어나는 정도로 타거나 익지 않은 경우
     - 시험 중 시설·장비(칼, 가스레인지 등) 사용 시 감독위원 및 타수험자의 시험 진행에 위협이 될 것으로 감독위원 전원이 합의하여 판단한 경우
   - 미완성 – 시험시간 내에 과제 두 가지를 제출하지 못한 경우
     - 문제의 요구사항대로 과제의 수량이 만들어지지 않은 경우
   - 오　작 – 구이를 찜으로 조리하는 등과 같이 조리방법을 다르게 한 경우
     - 해당 과제의 지급재료 이외의 재료를 사용하거나 석쇠 등 요구사항의 조리도구를 사용하지 않은 경우
   - 요구사항에 표시된 실격, 미완성, 오작에 해당하는 경우
7) 항목별 배점은 위생상태 및 안전관리 5점, 조리기술 30점, 작품의 평가 15점입니다.

 만드는 방법

1. 무순과 시소는 찬물에 담가 순을 살려 놓고 갑오징어를 손질하여 껍질을 제거한 후 가늘게 썰어둔다.
2. 50℃의 정종에 썰어둔 갑오징어를 살짝 데친다.
3. 명란젓은 칼집을 넣은 후 칼등을 이용하여 알만 빼낸다.
4. 준비된 명란젓에 갑오징어와 청주를 넣고 버무려 그릇에 시소를 깔고 올린 후 무순으로 장식하여 완성한다.

 TIP

- 갑오징이 손질시 소금이나 마른 행수를 사용하면 속껍질을 제거하기 편하다.
- 명란젓과 갑오징어를 버무릴 때 수분이 너무 많지 않도록 주의한다.
- 청주의 온도를 잘 맞추어 갑오징어가 하얗게 익지 않도록 주의한다.
- 데친 갑오징어는 물에 씻지 말아야 한다.

생선모둠회
刺身盛り合わせ
-さしみもりあわせ

시험시간 30분

요구사항

※**주어진 재료를 사용하여 다음과 같이 생선모둠회를 만드시오.**

가. 각 생선을 밑손질하시오.

나. 무를 돌려깎기(가쯔라무끼) 한 후 가늘게 채 썰어 사용하시오.

다. 당근은 나비모양, 오이는 왕관모양으로 장식하여 내시오.

재료

붉은색 참치살 60g, 광어(3×8cm 이상) 50g, 도미살 50g, 무 400g, 당근 60g, 학꽁치 1/2마리(꽁치, 전어 대체가능, 길이 7cm 이상), 무순 5g, 레몬 1/8쪽, 고추냉이(와사비) 10g, 오이(20cm 정도) 1/3개, 청차조기잎(시소) 4장 (깻잎 2장으로 대체가능)

수험자 유의사항

1) 만드는 순서에 유의하며, 위생과 숙련된 기능평가를 위하여 조리작업 시 맛을 보지 않습니다.
2) 지정된 수험자지참준비물 이외의 조리기구나 재료를 시험장 내에 지참할 수 없습니다.
3) 지급재료는 시험 전 확인하여 이상이 있을 경우 시험위원으로부터 조치를 받고 시험 중에는 재료의 교환 및 추가지급은 하지 않습니다.
4) 요구사항의 규격은 "정도"의 의미를 포함하며, 지급된 재료의 크기에 따라 가감하여 채점합니다.
5) 위생상태 및 안전관리 사항을 준수합니다.
6) 다음 사항에 대해서는 **채점대상에서 제외하니** 특히 유의하시기 바랍니다.
   - 기　권 – 수험자 본인이 시험 도중 시험에 대한 포기 의사를 표현하는 경우
   - 실　격 – 가스레인지 2개 이상(2개 포함) 사용한 경우
     - 불을 사용하여 만든 조리작품이 작품특성에 벗어나는 정도로 타거나 익지 않은 경우
     - 시험 중 시설·장비(칼, 가스레인지 등) 사용 시 감독위원 및 타수험자의 시험 진행에 위협이 될 것으로 감독위원 전원이 합의하여 판단한 경우
   - 미완성 – 시험시간 내에 과제 두 가지를 제출하지 못한 경우
     - 문제의 요구사항대로 과제의 수량이 만들어지지 않은 경우
   - 오　작 – 구이를 찜으로 조리하는 등과 같이 조리방법을 다르게 한 경우
     - 해당 과제의 지급재료 이외의 재료를 사용하거나 석쇠 등 요구사항의 조리도구를 사용하지 않은 경우
   - 요구사항에 표시된 실격, 미완성, 오작에 해당하는 경우
7) 항목별 배점은 위생상태 및 안전관리 5점, 조리기술 30점, 작품의 평가 15점입니다.

 만드는 방법

1. 깻잎과 무순을 찬물에 담가 순을 살려놓고 참치는 소금물에 씻은 후 해동지에 감싸 놓는다.
2. 광어, 도미는 껍질을 제거하고 학꽁치는 머리와 내장을 제거하여 손질한 다음 각각 해동지나 마른 행주에 감싸둔다.(생선 손질하는 방법 참조)
3. 찬물에 와사비를 개어서 준비하고 무는 얇게 돌려 깎아서 곱게 채 썬 후 찬물에 행궈 매운맛을 제거하여 갱을 만들어 둔다.(가쯔라무끼).
4. 당근은 나비, 오이는 왕관 모양으로 준비해 둔다.
5. 참치와 도미는 평썰기(히라쯔꾸리)하고 광어는 칼을 눕혀 얇게 3쪽 정도 썰어둔다. 학꽁치는 3cm 정도 길이로 썰어 준비한다.
6. 접시에 갱을 깔아 참치로 중심을 잡아 주고 나머지 생선들을 보기 좋게 담은 후 당근 나비와 오이 왕관, 무순으로 장식하여 준비된 와사비와 간장을 곁들여 완성한다.

 TIP

- 생선회를 할 때는 미리 칼을 잘 갈아두어야 한다.
- 돌려깎기를 할 때 일정한 두께가 되도록 신경써야 한다.
- 생선회를 담을 때는 색감이 살아있는 참치를 중앙에 두고 뒤에서 앞으로 오면서 담아준다.

삼치 소금구이
鰆塩焼き
-さわらのしおやき

시험시간 30분

요구사항

※주어진 재료를 사용하여 다음과 같이 삼치소금구이를 만드시오.

가. 삼치는 세장뜨기한 후 소금을 뿌려 10~20분 후 씻고 꼬챙이에 끼워 구이하시오(※석쇠를 사용할 경우 감점).

나. 채소는 각각 초담금 및 조림을 하시오.

다. 구이 그릇에 삼치소금구이와 곁들임을 담아 완성하시오.

라. 길이 10cm로 2조각을 제출하시오.
　　(단, 지급된 재료의 길이에 따라 가감한다.)

재료

삼치 1/2마리(400g정도), 레몬(1/4개) 10g, 깻잎 1장, 소금(정제염) 30g, 백설탕 30g
무 50g, 우엉 60g, 식용유 10ml, 식초 30ml, 건다시마(5×10cm) 1장, 진간장 30ml
청주 15ml, 흰참깨(볶은것) 2g, 쇠꼬챙이 3개, 맛술(미림) 10ml

* 우엉조림
　간장 1Ts, 청주 1Ts, 설탕 1/2Ts, 맛술 1Ts, 다시물 1/2컵
* 무 담금초
　식초 1Ts, 설탕 1Ts, 물 4Ts, 소금 적당량

수험자 유의사항

1) 만드는 순서에 유의하며, 위생과 숙련된 기능평가를 위하여 조리작업 시 맛을 보지 않습니다.

2) 지정된 수험자지참준비물 이외의 조리기구나 재료를 시험장 내에 지참할 수 없습니다.

3) 지급재료는 시험 전 확인하여 이상이 있을 경우 시험위원으로부터 조치를 받고 시험 중에는 재료의 교환 및 추가지급은 하지 않습니다.

4) 요구사항의 규격은 "정도"의 의미를 포함하며, 지급된 재료의 크기에 따라 가감하여 채점합니다.

5) 위생상태 및 안전관리 사항을 준수합니다.

6) 다음 사항에 대해서는 **채점대상에서 제외하니** 특히 유의하시기 바랍니다.

- 기 권 – 수험자 본인이 시험 도중 시험에 대한 포기 의사를 표현하는 경우
- 실 격 – 가스레인지 2개 이상(2개 포함) 사용한 경우
  - 불을 사용하여 만든 조리작품이 작품특성에 벗어나는 정도로 타거나 익지 않은 경우
  - 시험 중 시설 · 장비(칼, 가스레인지 등) 사용 시 감독위원 및 타수험자의 시험 진행에 위협이 될 것으로 감독위원 전원이 합의하여 판단한 경우
- 미완성 – 시험시간 내에 과제 두 가지를 제출하지 못한 경우
  - 문제의 요구사항대로 과제의 수량이 만들어지지 않은 경우
- 오 작 – 구이를 찜으로 조리하는 등과 같이 조리방법을 다르게 한 경우
  - 해당 과제의 지급재료 이외의 재료를 사용하거나 석쇠 등 요구사항의 조리도구를 사용하지 않은 경우
- 요구사항에 표시된 실격, 미완성, 오작에 해당하는 경우

7) 항목별 배점은 위생상태 및 안전관리 5점, 조리기술 30점, 작품의 평가 15점입니다.

 만드는 방법

1. 깻잎을 찬물에 담가 순을 살려 놓고 삼치는 머리와 내장을 제거하여 세장 뜨기(삼마이오로시)를 한 후 껍질에 칼집을 넣고 소금을 뿌려둔다.

2. 우엉은 껍질을 벗기고 4~5cm 길이로 자른 후 굵기에 따라 4~6등분한 후 끓는 물에 식초를 조금 넣고 데쳐 프라이팬에 기름을 두르고 볶다가 조림장을 넣고 약하게 졸여준다.(긴삐라 고보우)

3. 무를 3cm 정도 두께로 자르고 사방 2cm 정도 크기로 썰어서 아랫부분을 0.5cm 정도 남기고 약 1mm 간격으로 열십자 방향으로 칼을 넣어 소금에 절인 후 담금초에 담가둔다.(기쿠 아차라즈케)

4. 소금을 뿌려둔 삼치를 물에 씻어 잡냄새를 제거한 후 꼬챙이에 끼워 소금을 살짝 뿌려 살 쪽부터 타지 않게 굽는다.

5. 접시에 깻잎을 깔고 완성된 삼치를 담고 준비해둔 무 초절임과 우엉, 레몬을 함께 곁들여 완성한다.

- 삼치구이를 할 때 쇠꼬챙이를 살살 돌려가며 구워주면 나중에 꼬챙이를 빼는 과정에서 생선살이 부서지는 것을 방지할 수 있다.
- 무에 칼집을 넣을 때 앞뒤로 젓가락을 대면 깊이가 일정하게 칼집을 넣을 수 있다.

소고기 간장구이

牛肉照燒き
-ぎゅうにくでりやき

시험시간 20분

요구사항

※주어진 재료를 사용하여 다음과 같이 소고기 간장구이를 만드시오.

가. 양념간장(다래)과 생강채(하리쇼가)를 준비하시오.

나. 소고기를 두께 1.5cm, 길이 3cm로 자르시오.

다. 프라이팬에 구이를 한 다음 양념간장(다래)를 발라 완성하시오.

재료

소고기(등심) 160g, 건다시마(5×10cm) 1장, 통생강 30g, 검은 후춧가루 5g
진간장 50ml, 산초가루 3g, 청주 50ml, 소금 20g, 식용유 100ml
백설탕 30g, 맛술 50ml, 깻잎 1장
*데리야끼 소스
 간장 2Ts, 맛술 2Ts, 설탕 2Ts, 청주 2Ts, 다시물 5Ts

수험자 유의사항

1) 만드는 순서에 유의하며, 위생과 숙련된 기능평가를 위하여 조리작업 시 맛을 보지 않습니다.

2) 지정된 수험자지참준비물 이외의 조리기구나 재료를 시험장 내에 지참할 수 없습니다.

3) 지급재료는 시험 전 확인하여 이상이 있을 경우 시험위원으로부터 조치를 받고 시험 중에는 재료의 교환 및 추가지급은 하지 않습니다.

4) 요구사항의 규격은 "정도"의 의미를 포함하며, 지급된 재료의 크기에 따라 가감하여 채점합니다.

5) 위생상태 및 안전관리 사항을 준수합니다.

6) 다음 사항에 대해서는 **채점대상에서 제외하니** 특히 유의하시기 바랍니다.

- 기　권 – 수험자 본인이 시험 도중 시험에 대한 포기 의사를 표현하는 경우
- 실　격 – 가스레인지 2개 이상(2개 포함) 사용한 경우
  - 불을 사용하여 만든 조리작품이 작품특성에 벗어나는 정도로 타거나 익지 않은 경우
  - 시험 중 시설 · 장비(칼, 가스레인지 등) 사용 시 감독위원 및 타수험자의 시험 진행에 위협이 될 것으로 감독위원 전원이 합의하여 판단한 경우
- 미완성 – 시험시간 내에 과제 두 가지를 제출하지 못한 경우
  - 문제의 요구사항대로 과제의 수량이 만들어지지 않은 경우
- 오　작 – 구이를 찜으로 조리하는 등과 같이 조리방법을 다르게 한 경우
  - 해당 과제의 지급재료 이외의 재료를 사용하거나 석쇠 등 요구사항의 조리도구를 사용하지 않은 경우
- 요구사항에 표시된 실격, 미완성, 오작에 해당하는 경우

7) 항목별 배점은 위생상태 및 안전관리 5점, 조리기술 30점, 작품의 평가 15점입니다.

 만드는 방법

1. 다시마육수를 만들어 두고 소고기는 칼로 두드려 핏물과 힘줄, 기름을 제거한다.
2. 손질한 고기를 두께 1.5cm, 길이 3cm 크기로 잘라 칼집을 넣어 소금, 후춧가루로 밑간을 해 둔다.
3. 다시물, 간장, 설탕, 청주, 맛술을 넣어 데리야끼 소스를 만들어 둔다.
4. 생강은 껍질을 벗기고 얇게 저민 후 가늘게 채 썰어 찬물에 행궈 매운맛을 제거한다.(하리쇼가)
5. 팬을 달구어 식용유를 두르고 밑간해 둔 소고기를 타지 않도록 굽다 절반 정도 익었을 때 데리야끼 소스를 2~3회에 걸쳐 부어가며 굽는다.
6. 접시에 깻잎을 깔고 완성된 소고기 간장구이를 담아 윤기가 흐르도록 남은 소스를 부어 산초가루를 뿌려주고 준비된 생강 채를 곁들여 완성한다.

- 초벌구이 할 때 적당한 색을 낸 다음 소스를 부어야 타지 않고 색이 잘 나온다.
- 데리야끼 소스는 식으면 더 걸쭉해지므로 냄비에서 끓일 때 조금 묽게 해 주어야 한다.

닭 버터구이
鷄肉バタ燒き
-とりにくバタやき

시험시간 30분

요구사항

※주어진 재료를 사용하여 다음과 같이 닭 버터구이를 만드시오.

가. 닭의 뼈를 발라내고 한입 크기로 자르시오.

나. 초벌구이를 하고 끓는 물로 기름기를 제거하시오.

다. 재차 볶으면서 채소와 함께 간을 하시오.

재료
닭고기 200g, 양파(중) 100g, 청피망 20g, 깻잎 1장, 버터 30g
검은 후춧가루 2g, 소금 2g, 청주 20ml, 식용유 40ml

수험자 유의사항

1) 만드는 순서에 유의하며, 위생과 숙련된 기능평가를 위하여 조리작업 시 맛을 보지 않습니다.

2) 지정된 수험자지참준비물 이외의 조리기구나 재료를 시험장 내에 지참할 수 없습니다.

3) 지급재료는 시험 전 확인하여 이상이 있을 경우 시험위원으로부터 조치를 받고 시험 중에는 재료의 교환 및 추가지급은 하지 않습니다.

4) 요구사항의 규격은 "정도"의 의미를 포함하며, 지급된 재료의 크기에 따라 가감하여 채점합니다.

5) 위생상태 및 안전관리 사항을 준수합니다.

6) 다음 사항에 대해서는 **채점대상에서 제외하니 특히 유의**하시기 바랍니다.
  - 기 권 – 수험자 본인이 시험 도중 시험에 대한 포기 의사를 표현하는 경우
  - 실 격 – 가스레인지 2개 이상(2개 포함) 사용한 경우
    – 불을 사용하여 만든 조리작품이 작품특성에 벗어나는 정도로 타거나 익지 않은 경우
    – 시험 중 시설 · 장비(칼, 가스레인지 등) 사용 시 감독위원 및 타수험자의 시험 진행에 위협이 될 것으로 감독위원 전원이 합의하여 판단한 경우
  - 미완성 – 시험시간 내에 과제 두 가지를 제출하지 못한 경우
    – 문제의 요구사항대로 과제의 수량이 만들어지지 않은 경우
  - 오 작 – 구이를 찜으로 조리하는 등과 같이 조리방법을 다르게 한 경우
    – 해당 과제의 지급재료 이외의 재료를 사용하거나 석쇠 등 요구사항의 조리도구를 사용하지 않은 경우
  - 요구사항에 표시된 실격, 미완성, 오작에 해당하는 경우

7) 항목별 배점은 위생상태 및 안전관리 5점, 조리기술 30점, 작품의 평가 15점입니다.

 만드는 방법

1. 깻잎은 찬물에 담가 숨을 살려두고 닭고기는 뼈를 발라내어 한입 크기로 썰어둔다.

2. 피망과 양파를 닭고기와 비슷한 크기로 썰어둔다.

3. 팬을 달구어 닭고기를 노릇노릇 하게 초벌구이 한 다음 끓는 물에 2/3정도 익도록 데쳐 기름기를 제거한다.

4. 데쳐낸 닭고기의 수분을 제거하고 팬을 달구어 볶아주다 양파, 피망, 버터를 넣고 재차 볶아준다.

5. 재료가 절반정도 익으면 소금, 후추로 간을 하고 청주를 뿌려 잡냄새를 없애준다.

6. 접시에 상추를 깔고 완성된 재료를 보기 좋게 담아낸다.

 TIP

- 채소는 너무 숨이 죽지 않도록 닭고기가 거의 익었을 때 넣어 센 불에서 단시간에 조리한다.

소고기 양념 튀김

牛肉唐揚げ
-ぎゅうにくからあげ

시험시간 30분

요구사항

※주어진 재료를 사용하여 다음과 같이 소고기 양념 튀 김을 만드시오.

가. 소고기를 결의 반대방향으로 가늘게 채 써시오.

나. 소고기에 양념을 한 후 달걀과 밀가루, 전분을 넣어 섞으시오.

다. 양념한 재료는 조금씩 떼어 넣어 튀겨내시오.
   (동그랗게 모양을 만들어 튀기는 경우는 오작 처리)

재료

소고기(등심) 100g, 달걀 1개, 실파(뿌리) 20g, 마늘 1쪽, 밀가루 30g
전분 30g, 참기름 5ml, 파슬리 5g, 레몬 1/4개, 소금 2g, 당면 10g
청주 5ml, 식용유 500ml, 한지(25×25cm) 2장(A4 용지로 대체 가능)

수험자 유의사항

1) 만드는 순서에 유의하며, 위생과 숙련된 기능평가를 위하여 조리작업 시 맛을 보지 않습니다.

2) 지정된 수험자지참준비물 이외의 조리기구나 재료를 시험장 내에 지참할 수 없습니다.

3) 지급재료는 시험 전 확인하여 이상이 있을 경우 시험위원으로부터 조치를 받고 시험 중에는 재료의 교환 및 추가지급은 하지 않습니다.

4) 요구사항의 규격은 "정도"의 의미를 포함하며, 지급된 재료의 크기에 따라 가감하여 채점합니다.

5) 위생상태 및 안전관리 사항을 준수합니다.

6) 다음 사항에 대해서는 **채점대상에서 제외하니** 특히 유의하시기 바랍니다.

  • 기 권 – 수험자 본인이 시험 도중 시험에 대한 포기 의사를 표현하는 경우

  • 실 격 – 가스레인지 2개 이상(2개 포함) 사용한 경우
     – 불을 사용하여 만든 조리작품이 작품특성에 벗어나는 정도로 타거나 익지 않은 경우
     – 시험 중 시설·장비(칼, 가스레인지 등) 사용 시 감독위원 및 타수험자의 시험 진행에 위협이 될 것으로 감독위원 전원이 합의하여 판단한 경우

  • 미완성 – 시험시간 내에 과제 두 가지를 제출하지 못한 경우
     – 문제의 요구사항대로 과제의 수량이 만들어지지 않은 경우

  • 오 작 – 구이를 찜으로 조리하는 등과 같이 조리방법을 다르게 한 경우
     – 해당 과제의 지급재료 이외의 재료를 사용하거나 석쇠 등 요구사항의 조리도구를 사용하지 않은 경우

  • 요구사항에 표시된 실격, 미완성, 오작에 해당하는 경우

7) 항목별 배점은 위생상태 및 안전관리 5점, 조리기술 30점, 작품의 평가 15점입니다.

 만드는 방법

1. 소고기를 힘줄을 제거한 뒤 결 반대로 가늘게 채 썰어서 놓는다.

2. 썰어 놓은 소고기와 다진 마늘, 실파, 깨, 참기름, 소금으로 간을 한다.

3. 위의 재료에 전분과 밀가루를 1 : 1로 섞고 달걀노른자와 함께 버무린다.

4. 식용유를 160~170℃ 정도로 온도를 맞추고 반죽한 소고기를 조금씩 떼어 넣어 튀긴다.

5. 튀긴 소고기를 건져내고 당면을 튀겨낸다.

6. 접시에 한지를 깔고 튀긴 당면을 올린다음 소고기 튀김을 보기 좋게 올린다.

7. 파슬리와 레몬으로 장식하여 완성한다.

• 전분이나 기타 양념이 들어간 재료는 타기 쉬우므로 기름 온도 조절에 신경써야 한다.

• 재료를 조금 떼어 기름에 넣었을 때 바닥에서 서서히 떠오르면 약 160℃가 된다.

모둠 튀김
天浮羅盛り合わせ
-てんぷらもりあわせ

시험시간 40분

요구사항

※주어진 재료를 사용하여 다음과 같이 모둠 튀김을 만
드시오.

가. 차새우, 갑오징어, 학꽁치, 바다장어를 튀길 수 있도
록 손질하시오.

나. 각 채소를 튀길 수 있는 크기로 써시오.

다. 새우는 구부러지지 않게 튀기시오.

라. 튀김소스(덴다시)와 양념(야꾸미)을 곁들여 내시오.

재료

차새우 2마리, 갑오징어 40g, 학꽁치 1/2마리, 양파 1/4개, 청피망 1/6개
생표고버섯 1개 20g, 연근 30g, 무 30g, 달걀 1개, 밀가루 150g
건다시마 1장, 바다장어살 50g, 통생강 20g, 가다랑어포 20g, 식용유 500ml
청주 10ml, 진간장 10ml, 백설탕 20g, 레몬 1/8개, 실파 20g, 대꼬챙이 2개
이쑤시개 1개, 한지(25×25cm) 2장(A4 용지로 대체가능)

*덴다시
 가쓰오다시 4Ts, 간장 1Ts, 청주 1/2Ts, 설탕 1ts

만드는 방법

1. 다시마와 가쓰오부시를 사용해서 가쓰오다시를 준비한다.
2. 차새우는 이쑤시개로 내장을 제거하여 머리와 껍질을 제거한 후 배쪽에 칼집을 넣어 힘줄을 끊어 길게 펴고 꼬리 쪽에 물총 주머니를 제거한다.
3. 갑오징어는 껍질을 벗겨 안쪽에 사선으로 칼집을 넣고 학꽁치도 내장 제거 후 손질하여 껍질을 제거한 다음 등쪽에 잔 칼집을 넣어준다. 바다장어 살은 등쪽에 칼집을 넣어 준비한다.
4. 양파를 1cm 정도 두께로 썰어 꼬챙이로 고정 시켜두고 청피망은 적당한 크기로 썰고 생표고버섯은 별모양을 낸다.
5. 연근은 껍질을 벗겨 0.5cm 두께로 잘라 찬물에 담가 놓는다.
6. 실파는 송송 썰어 찬물에 행궈 두고 무는 강판에 갈아 찬물에 담가둔다. 생강도 강판에 갈아 준비해둔다.(야꾸미)
7. 달걀노른자를 찬물에 풀어 밀가루와 6 : 4정도 비율로 섞는다.(依 고로모)
8. 각각의 재료에 밀가루를 묻힌 다음 다시 밀가루 반죽을 입혀 170~180℃ 온도에 튀겨낸다.
9. 튀김접시에 한지를 깔고 연근, 양파 등 색이 없는 재료를 먼저 놓고 새우, 표고버섯, 청피망을 앞쪽으로 세워 담아준다.
10. 덴다시와 야꾸미를 그릇에 담아 튀김과 함께 제출한다.

- 밀가루 반죽은 차가운 것이 좋으며 미리 반죽을 만들어 놓으면 찰기가 생겨 바삭한 튀김을 만들 수 없다.
- 새우 손질 시 물총 주머니를 제거하지 않으면 기름이 튀어 화상을 입는 경우가 발생할 수도 있으니 각별히 주의한다.

달걀찜
茶宛蒸し
-ちゃわんむし

시험시간 **30분**

요구사항

※**주어진 재료를 사용하여 다음과 같이 달걀찜을 만드시오.**

가. 찜 속재료는 각각 썰어 간 하시오.

나. 나중에 넣을 것과 처음에 넣을 것을 구분하시오.

다. 가다랑어포로 다시(국물)를 만들어 식혀서 달걀과 섞으시오.

재료

달걀 1개, 잔새우 1마리, 어묵 15g, 생표고버섯 1/2개, 밤 1/2개, 진간장 10ml
가다랑어포 10g, 닭고기 20g, 은행 2개, 흰생선실 20g, 쑥갓 10g, 소금 5g
청주 10ml, 레몬 1/4개, 죽순 10g, 건다시마(5×10cm) 1장, 이쑤시개 1개
맛술(미림) 10ml

수험자 유의사항

1) 만드는 순서에 유의하며, 위생과 숙련된 기능평가를 위하여 조리작업 시 맛을 보지 않습니다.

2) 지정된 수험자지참준비물 이외의 조리기구나 재료를 시험장 내에 지참할 수 없습니다.

3) 지급재료는 시험 전 확인하여 이상이 있을 경우 시험위원으로부터 조치를 받고 시험 중에는 재료의 교환 및 추가지급은 하지 않습니다.

4) 요구사항의 규격은 "정도"의 의미를 포함하며, 지급된 재료의 크기에 따라 가감하여 채점합니다.

5) 위생상태 및 안전관리 사항을 준수합니다.

6) 다음 사항에 대해서는 **채점대상에서 제외하니** 특히 유의하시기 바랍니다.

• 기　권 – 수험자 본인이 시험 도중 시험에 대한 포기 의사를 표현하는 경우

• 실　격 – 가스레인지 2개 이상(2개 포함) 사용한 경우
　　　– 불을 사용하여 만든 조리작품이 작품특성에

벗어나는 정도로 타거나 익지 않은 경우
　　– 시험 중 시설 · 장비(칼, 가스레인지 등) 사용 시 감독위원 및 타수험자의 시험 진행에 위협이 될 것으로 감독위원 전원이 합의하여 판단한 경우

• 미완성 – 시험시간 내에 과제 두 가지를 제출하지 못한 경우
　　– 문제의 요구사항대로 과제의 수량이 만들어지지 않은 경우

• 오　작 – 구이를 찜으로 조리하는 등과 같이 조리방법을 다르게 한 경우
　　– 해당 과제의 지급재료 이외의 재료를 사용하거나 석쇠 등 요구사항의 조리도구를 사용하지 않은 경우

• 요구사항에 표시된 실격, 미완성, 오작에 해당하는 경우

7) 항목별 배점은 위생상태 및 안전관리 5점, 조리기술 30점, 작품의 평가 15점입니다.

 만드는 방법

1. 쑥갓은 찬물에 담가 순을 살려두고 가쓰오다시를 만들어 둔다.

2. 속 재료는 사방 1cm 정도 크기로 잘라둔다.

3. 끓는 물에 죽순, 은행, 어묵, 새우, 닭고기를 데쳐내고 밤은 꼬챙이에 꽂아 구워둔다.

4. 다시 5Ts, 간장 1/2Ts, 맛술 1/2Ts로 핫뽀다시를 만들어 데친 재료를 넣고 살짝 조려 밑간을 한다.

5. 달걀을 풀어 소금, 청주, 맛술로 간을 하여 식혀둔 가쓰오다시와 약 2.5 : 1 비율로 잘 섞어 고운체에 내려둔다.

6. 찜 그릇에 준비된 재료를 담고 달걀물을 8부정도 붓고 잔거품을 제거한 후 뚜껑을 덮어 김이 오른 찜통에 10분 정도 쪄낸다.

7. 완성된 달걀찜에 쑥갓과 레몬 오리발을 올려 완성한다.

• 찜기가 없을 경우 냄비에 중탕을 하는데 이때 재료가 흔들리지 않도록 불 조절에 주의한다.

• 가쓰오다시가 식지 않았을 경우 달걀이 익을 수도 있으니 적당히 식혀 사용한다.

대합술찜
蛤 酒蒸し
-はまぐりさかむし

시험시간 **25분**

요구사항
※**주어진 재료를 사용하여 다음과 같이 대합술찜을 만드시오.**

가. 조개의 밑 눈을 제거하시오.

나. 청주를 섞은 다시(국물)에 쪄내시오.

다. 당근은 매화꽃, 무는 은행잎 모양으로 만들어 익혀내시오

라. 초간장(폰즈)과 양념(야꾸미)을 만들어 내시오.

재료
백합조개 2개, 배추 50g, 무 70g, 판두부 50g, 대파 1토막, 쑥갓 20g
레몬 1/4개, 건다시마(5×10cm) 1장, 소금 5g, 청주 50ml, 당근 60g
생표고버섯 20g, 죽순 20g, 진간장 30ml, 식초 30ml, 고춧가루 2g
실파 20g

*폰즈
 다시물 1.5Ts, 식초 1Ts, 간장 1Ts

수험자 유의사항

1) 만드는 순서에 유의하며, 위생과 숙련된 기능평가를 위하여 조리작업 시 맛을 보지 않습니다.
2) 지정된 수험자지참준비물 이외의 조리기구나 재료를 시험장 내에 지참할 수 없습니다.
3) 지급재료는 시험 전 확인하여 이상이 있을 경우 시험위원으로부터 조치를 받고 시험 중에는 재료의 교환 및 추가지급은 하지 않습니다.
4) 요구사항의 규격은 "정도"의 의미를 포함하며, 지급된 재료의 크기에 따라 가감하여 채점합니다.
5) 위생상태 및 안전관리 사항을 준수합니다.
6) 다음 사항에 대해서는 **채점대상에서 제외하니** 특히 유의하시기 바랍니다.
- 기　권 – 수험자 본인이 시험 도중 시험에 대한 포기 의사를 표현하는 경우
- 실　격 – 가스레인지 2개 이상(2개 포함) 사용한 경우
- 불을 사용하여 만든 조리작품이 작품특성에 벗어나는 정도로 타거나 익지 않은 경우
- 시험 중 시설·장비(칼, 가스레인지 등) 사용 시 감독위원 및 타수험자의 시험 진행에 위협이 될 것으로 감독위원 전원이 합의하여 판단한 경우
- 미완성 – 시험시간 내에 과제 두 가지를 제출하지 못한 경우
- 문제의 요구사항대로 과제의 수량이 만들어지지 않은 경우
- 오　작 – 구이를 찜으로 조리하는 등과 같이 조리방법을 다르게 한 경우
- 해당 과제의 지급재료 이외의 재료를 사용하거나 석쇠 등 요구사항의 조리도구를 사용하지 않은 경우
- 요구사항에 표시된 실격, 미완성, 오작에 해당하는 경우
7) 항목별 배점은 위생상태 및 안전관리 5점, 조리기술 30점, 작품의 평가 15점입니다.

 만드는 방법

1. 쑥갓은 찬물에 담가 순을 살리고 조개는 소금물에 해감시켜 놓는다.
2. 당근은 매화 모양, 무는 은행잎 모양으로 만들고, 실파는 송송 썰어서 찬물에 담가 둔다.
3. 끓는 물에 당근, 무, 배추, 죽순을 데쳐서 찬물에 담가둔다.
4. 데친 배추는 김발로 말아두고 무는 강판에 갈아서 매운맛을 제거하여 고운 고춧가루에 무쳐 모미지오로시를 만든 다음 곤부다시와 간장, 식초로 폰즈를 만들어 둔다.
5. 생표고버섯은 별모양을 내고, 두부는 2~3토막을 낸다. 대파는 어슷썰어 준비한다.
6. 완성접시에 준비된 재료를 보기 좋게 담고 해감시킨 대합은 칼로 눈을 제거하고 앞쪽에 담아준다.
7. 청주와 곤부다시를 1 : 1로 섞은 후 한번 끓여 알코올을 제거하고 소금 간을 하여 재료 위에 뿌려 김이 오른 찜통에 재료를 넣고 면포를 덮어 8분간 쪄준다.
8. 뚜껑을 열어 대합의 입을 살짝 벌려 레몬을 끼우고 쑥갓을 올려 폰즈와 야꾸미를 따로 곁들여 낸다.

• 너무 오래 찌면 대합이 질겨지므로 시간 조절을 잘 해야 한다.
• 대합의 눈을 제거하면 뚜껑이 벌어져 육즙이 빠져나가는 것을 방지할 수 있다.

도미 술찜
鯛 酒蒸し-たいさかむし

시험시간 30분

요구사항
※주어진 재료를 사용하여 다음과 같이 도미 술찜을 만드시오.
가. 머리는 반으로 자르고, 몸통은 세장뜨기 하시오.
나. 손질한 도미살을 5~6cm 정도 자르고 소금을 뿌려, 머리와
　　꼬리는 데친 후 불순물을 제거하시오.
다. 청주를 섞은 다시(국물)에 쪄내시오.
라. 당근은 매화꽃, 무는 은행잎 모양으로 만들어 익혀내시오.
마. 초간장(폰즈)과 양념(야꾸미)을 만들어 내시오.

재료
도미(1마리) 200~250g, 배추 50g, 무 50g, 당근 60g, 생표고버섯(1개) 20g
판두부 50g, 죽순 20g, 쑥갓 20g, 레몬 1/4개, 실파(1뿌리) 20g
청주 30ml, 건다시마(5×10cm) 1장, 진간장 30ml, 식초 30ml
고춧가루 2g, 소금(정제염) 5g
*폰즈
　다시물 1.5Ts, 식초 1Ts, 간장 1Ts

수험자 유의사항

1) 만드는 순서에 유의하며, 위생과 숙련된 기능평가를 위하여 조리작업 시 맛을 보지 않습니다.

2) 지정된 수험자지참준비물 이외의 조리기구나 재료를 시험장 내에 지참할 수 없습니다.

3) 지급재료는 시험 전 확인하여 이상이 있을 경우 시험위원으로부터 조치를 받고 시험 중에는 재료의 교환 및 추가지급은 하지 않습니다.

4) 요구사항의 규격은 "정도"의 의미를 포함하며, 지급된 재료의 크기에 따라 가감하여 채점합니다.

5) 위생상태 및 안전관리 사항을 준수합니다.

6) 다음 사항에 대해서는 **채점대상에서 제외하니** 특히 유의하시기 바랍니다.

 • 기 권 – 수험자 본인이 시험 도중 시험에 대한 포기 의사를 표현하는 경우

 • 실 격 – 가스레인지 2개 이상(2개 포함) 사용한 경우
  – 불을 사용하여 만든 조리작품이 작품특성에 벗어나는 정도로 타거나 익지 않은 경우

  – 시험 중 시설 · 장비(칼, 가스레인지 등) 사용 시 감독위원 및 타수험자의 시험 진행에 위협이 될 것으로 감독위원 전원이 합의하여 판단한 경우

 • 미완성 – 시험시간 내에 과제 두 가지를 제출하지 못한 경우

  – 문제의 요구사항대로 과제의 수량이 만들어지지 않은 경우

 • 오 작 – 구이를 찜으로 조리하는 등과 같이 조리방법을 다르게 한 경우

  – 해당 과제의 지급재료 이외의 재료를 사용하거나 석쇠 등 요구사항의 조리도구를 사용하지 않은 경우

 • 요구사항에 표시된 실격, 미완성, 오작에 해당하는 경우

7) 항목별 배점은 위생상태 및 안전관리 5점, 조리기술 30점, 작품의 평가 15점입니다.

 만드는 방법

1. 쑥갓은 찬물에 담가 순을 살려두고 찬물에 다시마를 넣고 끓여 다시마국물을 낸다.

2. 도미는 비늘을 제거하고 배를 갈라 내장제거 후 머리와 몸통을 분리하여 머리는 반으로 갈라 준비하고, 몸통은 세장 뜨기하여 잔가시를 제거한 후 소금을 뿌려둔다.

3. 당근은 매화 모양, 무는 은행잎 모양으로 만들고, 실파는 송송 썰어서 찬물에 담가둔다.

4. 끓은 물에 당근, 무, 배추, 죽순을 데쳐서 찬물에 담가둔다.

5. 소금을 뿌려둔 도미를 끓는 물에 살짝 데쳐 남은 불순물을 깨끗이 제거한다.

6. 데친 배추는 김발로 말아두고 무는 강판에 갈아서 고운 고춧가루에 무쳐 모미지오로시를 만든 다음 곤부다시와 간장, 식초로 폰즈를 만들어 둔다.

7. 생표고버섯은 별모양을 내고, 두부는 2~3 토막을 낸다. 대파는 어슷썰어 준비한다.

8. 완성접시에 쑥갓과 레몬을 제외한 모든 채소와 도미를 보기 좋게 담는다.

9. 청주를 끓여 알코올을 제거하고 곤부다시와 섞어 소금 간을 하여 재료위에 뿌려준다.

10. 김이 오른 찜통에 재료를 넣고 면포를 덮어 10분간 쪄준다.

11. 뚜껑을 열어 쑥갓을 올리고 폰즈와 야꾸미를 따로 곁들여 낸다.

 TIP

• 찜 요리를 할 때는 찜기에 열이 올라와 있을 때 재료를 넣어야 하며 젖은 면포를 덮어주면 재료에 수증기가 떨어지는 것을 방지할 수 있다.

도미조림
鯛粗煮-たいあらに

시험시간 30분

요구사항

※**주어진 재료를 사용하여 다음과 같이 도미조림을 만드시오.**

가. 손질한 도미를 5~6cm로 자르고 머리는 반으로 갈라 소금을 뿌리시오.

나. 머리와 꼬리는 데친 후 불순물을 제거하시오.

다. 냄비에 앉혀 양념하여 조리하시오.

라. 완성 후 접시에 담고 생강채(하리쇼가)와 채소를 앞쪽에 담아내시오.

재료

도미(1마리) 250g, 우엉 40g, 꽈리고추 30g, 통생강 30g, 백설탕 60g
소금 5g, 청주 50ml, 진간장 90ml, 맛술(미림) 50ml, 건다시마(5×10cm) 1장

수험자 유의사항

1) 만드는 순서에 유의하며, 위생과 숙련된 기능평가를 위하여 조리작업 시 맛을 보지 않습니다.
2) 지정된 수험자지참준비물 이외의 조리기구나 재료를 시험장 내에 지참할 수 없습니다.
3) 지급재료는 시험 전 확인하여 이상이 있을 경우 시험위원으로부터 조치를 받고 시험 중에는 재료의 교환 및 추가지급은 하지 않습니다.
4) 요구사항의 규격은 "정도"의 의미를 포함하며, 지급된 재료의 크기에 따라 가감하여 채점합니다.
5) 위생상태 및 안전관리 사항을 준수합니다.
6) 다음 사항에 대해서는 **채점대상에서 제외하니** 특히 유의하시기 바랍니다.
   - 기   권 – 수험자 본인이 시험 도중 시험에 대한 포기 의사를 표현하는 경우
   - 실   격 – 가스레인지 2개 이상(2개 포함) 사용한 경우
     - 불을 사용하여 만든 조리작품이 작품특성에 벗어나는 정도로 타거나 익지 않은 경우
     - 시험 중 시설 · 장비(칼, 가스레인지 등) 사용 시 감독위원 및 타수험자의 시험 진행에 위협이 될 것으로 감독위원 전원이 합의하여 판단한 경우
   - 미완성 – 시험시간 내에 과제 두 가지를 제출하지 못한 경우
     - 문제의 요구사항대로 과제의 수량이 만들어지지 않은 경우
   - 오   작 – 구이를 찜으로 조리하는 등과 같이 조리방법을 다르게 한 경우
     - 해당 과제의 지급재료 이외의 재료를 사용하거나 석쇠 등 요구사항의 조리도구를 사용하지 않은 경우
   - 요구사항에 표시된 실격, 미완성, 오작에 해당하는 경우
7) 항목별 배점은 위생상태 및 안전관리 5점, 조리기술 30점, 작품의 평가 15점입니다.

 만드는 방법

1. 다시마로 다시마국물을 준비한다.
2. 도미는 비늘을 제거하여 배를 갈라 내장제거 후 머리와 몸통을 분리하여 머리는 반으로 갈라놓고, 몸통은 5~6cm로 토막내어 소금을 뿌려둔다
3. 우엉은 껍질을 제거한 후 길이 5cm, 굵기 0.8cm로 잘라 살짝 데쳐 아린 맛을 제거한다.
4. 생강을 얇게 저민 후 곱게 채를 썰어 매운맛을 제거하기 위해서 찬물에 담가둔다.(하리쇼가)
5. 소금을 뿌려둔 도미를 끓는 물에 살짝 데쳐 남은 불순물을 깨끗이 제거한다.
6. 냄비에 도미와 우엉을 넣고 다시물 1/2cup, 청주, 맛술, 설탕을 각각 1Ts씩 넣고 호일을 재료 위에 덮어 센 불에 끓인다.
7. 도미 눈이 하얗게 익으면 간장 2Ts를 넣고 중불로 줄여 국물을 끼얹어가며 졸이다 꽈리고추를 넣고 마무리한다.
8. 그릇에 도미를 보기 좋게 담고 앞쪽에 우엉과 꽈리고추, 하리쇼가를 올려 완성한다.

 TIP

- 너무 센 불에서 조리면 재료에 색이 베이지 않고 금방 졸아들기 때문에 불의 강. 약을 잘 조절해야 한다.
- 꽈리고추를 일찍 넣으면 색이 변해 식감이 떨어질 수 있으니 마무리 단계에 넣어 색을 살려주는 것이 좋다.

소고기 덮밥
牛肉丼
-ぎゅうにくどんぶり

시험시간 30분

요구사항
※**주어진 재료를 사용하여 다음과 같이 소고기 덮밥을
만드시오.**
가. 덮밥용 양념간장(돈부리 다시)을 만들어 사용하시오.
나. 고기, 채소, 달걀은 재료 특성에 맞게 조리하여 준비
  한 밥 위에 올려 놓으시오.
다. 김을 구워 칼로 잘게 썰어(하리노리) 사용하시오.

재료
소고기(등심) 60g, 양파 1/3개, 실파(1뿌리) 20g, 팽이버섯 10g, 달걀 1개
김 1/4장, 뜨거운 밥 120g, 건다시마(5×10cm) 1장, 소금 2g, 진간장 15ml
맛술(미림) 15ml, 백설탕 10g, 가다랑어포 10g
* 덮밥다시
  가쓰오다시 1/2cup, 간장 1Ts, 맛술 1Ts, 설탕 1/2Ts

수험자 유의사항

1) 만드는 순서에 유의하며, 위생과 숙련된 기능평가를 위하여 조리작업 시 맛을 보지 않습니다.
2) 지정된 수험자지참준비물 이외의 조리기구나 재료를 시험장 내에 지참할 수 없습니다.
3) 지급재료는 시험 전 확인하여 이상이 있을 경우 시험위원으로부터 조치를 받고 시험 중에는 재료의 교환 및 추가지급은 하지 않습니다.
4) 요구사항의 규격은 "정도"의 의미를 포함하며, 지급된 재료의 크기에 따라 가감하여 채점합니다.
5) 위생상태 및 안전관리 사항을 준수합니다.
6) 다음 사항에 대해서는 **채점대상에서 제외하니** 특히 유의하시기 바랍니다.
   - **기 권** – 수험자 본인이 시험 도중 시험에 대한 포기 의사를 표현하는 경우
   - **실 격** – 가스레인지 2개 이상(2개 포함) 사용한 경우
     - 불을 사용하여 만든 조리작품이 작품특성에 벗어나는 정도로 타거나 익지 않은 경우
     - 시험 중 시설 · 장비(칼, 가스레인지 등) 사용 시 감독위원 및 타수험자의 시험 진행에 위협이 될 것으로 감독위원 전원이 합의하여 판단한 경우
   - **미완성** – 시험시간 내에 과제 두 가지를 제출하지 못한 경우
     - 문제의 요구사항대로 과제의 수량이 만들어지지 않은 경우
   - **오 작** – 구이를 찜으로 조리하는 등과 같이 조리방법을 다르게 한 경우
     - 해당 과제의 지급재료 이외의 재료를 사용하거나 석쇠 등 요구사항의 조리도구를 사용하지 않은 경우
   - 요구사항에 표시된 실격, 미완성, 오작에 해당하는 경우
7) 항목별 배점은 위생상태 및 안전관리 5점, 조리기술 30점, 작품의 평가 15점입니다.

만드는 방법

1. 지급된 밥은 덮밥 그릇에 담아 식지 않도록 젖은 면포를 덮어두고 다시마와 가쓰오부시를 사용해서 가쓰오다시를 준비한다.
2. 양파, 실파, 팽이버섯을 5cm 정도 길이로 채 썰고 쇠고기는 핏물을 제거한 후 결 반대로 1cm 정도 넓이로 썰어 두고 달걀은 2/3 정도 풀어놓는다.
3. 김은 살짝 구워 가늘게 썰어둔다.(하리노리)
4. 냄비에 덮밥다시와 고기를 넣고 끓이다 준비된 채소를 넣고 반쯤 익으면 풀어둔 달걀을 재료 위에 골고루 덮어준다.
5. 달걀이 반쯤 익으면 불을 끄고 국자로 떠서 준비된 밥 위에 가지런히 올리고 썰어 놓은 김을 올려 완성한다.

 TIP

- 달걀은 흰자와 노른자가 적당히 섞일 정도로만 저어준다.
- 밥에 국물이 너무 많지 않도록 주의한다.
- 도마에 수분이 있으면 김을 자를 때 쉽게 눅눅해지므로 주의한다.

꼬치냄비
御田-おでん

시험시간 40분

꼬인 상태

요구사항

※주어진 재료를 사용하여 다음과 같이 꼬치냄비를 만드시오.

가. 어묵(오뎅)은 용도에 맞게 자르시오.
  (단, 사각형으로 된 오뎅은 5cm 정도로 잘라 사용한다.)

나. 다시마는 매듭을 만들고, 당근은 매화꽃 모양으로 만드시오.

다. 곤약은 길이 7cm, 폭 3cm 정도 잘라서 꼬인 상태로 만들어 사용하시오.

라. 소고기, 실파, 목이버섯, 당면, 배추, 당근으로 일본식 잡채를 만들어 유부주머니(후꾸로)에 넣어 데친 실파로 묶으시오.

마. 겨자와 간장을 함께 곁들이시오.

재료

각종 어묵 180g, 무 70g, 당근 60g, 판곤약 50g, 달걀(삶은것) 1개
쑥갓 30g, 겨자가루 10g, 소금 2g, 건다시마(5×10cm) 1장
가다랑어포 10g, 진간장 30ml, 청주 15ml, 맛술 15ml, 유부 2장
소고기 30g, 실파(2뿌리) 40g, 목이버섯 5g, 당면 10g, 배추 50g
식용유 30ml, 후춧가루 5g, 대꼬챙이(20cm) 2개, 검은 후춧가루 5g

* 꼬치냄비 다시
  가쓰오다시 2.5cup, 간장 1.5Ts, 청주 1Ts, 맛술 1Ts, 소금 조금

* 핫뽀다시
  가쓰오다시 5Ts, 간장 1/2Ts, 맛술 1/2Ts

1) 만드는 순서에 유의하며, 위생과 숙련된 기능평가를 위하여 조리작업 시 맛을 보지 않습니다.
2) 지정된 수험자지참준비물 이외의 조리기구나 재료를 시험장 내에 지참할 수 없습니다.
3) 지급재료는 시험 전 확인하여 이상이 있을 경우 시험위원으로부터 조치를 받고 시험 중에는 재료의 교환 및 추가지급은 하지 않습니다.
4) 요구사항의 규격은 "정도"의 의미를 포함하며, 지급된 재료의 크기에 따라 가감하여 채점합니다.
5) 위생상태 및 안전관리 사항을 준수합니다.
6) 다음 사항에 대해서는 **채점대상에서 제외하니** 특히 유의하시기 바랍니다.
   - 기 권 – 수험자 본인이 시험 도중 시험에 대한 포기 의사를 표현하는 경우
   - 실 격 – 가스레인지 2개 이상(2개 포함) 사용한 경우
     - 불을 사용하여 만든 조리작품이 작품특성에 벗어나는 정도로 타거나 익지 않은 경우
     - 시험 중 시설 · 장비(칼, 가스레인지 등) 사용 시 감독위원 및 타수험자의 시험 진행에 위협이 될 것으로 감독위원 전원이 합의하여 판단한 경우
   - 미완성 – 시험시간 내에 과제 두 가지를 제출하지 못한 경우
     - 문제의 요구사항대로 과제의 수량이 만들어지지 않은 경우
   - 오 작 – 구이를 찜으로 조리하는 등과 같이 조리방법을 다르게 한 경우
     - 해당 과제의 지급재료 이외의 재료를 사용하거나 석쇠 등 요구사항의 조리도구를 사용하지 않은 경우
   - 요구사항에 표시된 실격, 미완성, 오작에 해당하는 경우
7) 항목별 배점은 위생상태 및 안전관리 5점, 조리기술 30점, 작품의 평가 15점입니다.

 만드는 방법

1. 쑥갓은 찬물에 담가 순을 살려 두고 당면과 목이버섯은 물에 불려둔다. 다시마와 가쓰오부시를 이용해서 가쓰오다시를 준비한다. 이때 건져낸 다시마는 길게 잘라 매듭을 만들어 둔다.
2. 무는 다듬어서 밤알 크기로 만들고 당근은 매화꽃 모양으로 만든다. 곤약은 길이 7cm, 폭 3cm, 잘라 가운데 칼집을 넣고 가운데로 꼬아 데치고 무, 당근도 삶아 둔다.
3. 사각어묵은 5cm 길이로 썰어 두고, 구멍어묵은 2cm 길이로 자르고 유부는 윗부분을 잘라 끓는 물에 데치고 어묵도 살짝 데쳐 기름기를 제거한다.
4. 삶아놓은 무, 곤약, 달걀을 핫뽀다시에 색과 간이 배이도록 졸여준다.
5. 팬에 기름을 두르고 목이버섯, 소고기, 실파, 배추, 당근을 채 썰어서 불린 당면과 함께 소금, 후추, 간장으로 간하여 볶아 일본식 잡채를 준비한 다음 유부에 채워 데친 실파로 윗부분을 묶어 유부주머니를 만든다.
6. 찬물에 겨자를 개어두고 대꼬챙이에 어묵을 꽂아 냄비에 재료들을 보기 좋게 담은 다음 냄비다시를 부어 끓여준다.
7. 완성된 꼬치냄비와 겨자, 간장을 곁들여 낸다.

- 달걀을 삶아야 할 경우 소금을 조금 넣고 살살 굴려주면 껍질도 잘 까지고 노른자가 중앙에 놓여 보기 좋다.

튀김두부
揚げ出し豆腐
-あげだしとうふ

시험시간 **25분**

요구사항

※주어진 재료를 사용하여 다음과 같이 튀김두부를 만드시오.

가. 가다랑어국물(가쓰오다시)을 뽑아서 튀김다시(덴다시)를 만드시오.

나. 연두부의 물기를 제거하고 4cm X 5cm X 4cm 정도로 썰어 튀기시오.

다. 무즙(오로시), 실파, 채썬 김(하리노리)으로 양념(야꾸미)을 만드시오.

라. 튀김두부 3개를 그릇에 담고, 튀김다시(덴다시)에 무즙을 풀어 위에 끼얹으시오.

마. 라)위에 고명(덴모리)으로 썬 실파와 채썬 김을 올려 제출하시오.

재료
연두부(1모) 300g, 감자전분 100g, 실파 20g, 김 1/4장, 무 100g, 맛술 50ml
가다랑어포 10g, 건다시마(5×10cm) 1장, 진간장 50ml, 식용유 500cc
*덴다시
 가다랑어국물 4Ts, 간장 1Ts, 맛술 1Ts

수험자 유의사항

1) 만드는 순서에 유의하며, 위생과 숙련된 기능평가를 위하여 조리작업 시 맛을 보지 않습니다.
2) 지정된 수험자지참준비물 이외의 조리기구나 재료를 시험장 내에 지참할 수 없습니다.
3) 지급재료는 시험 전 확인하여 이상이 있을 경우 시험위원으로부터 조치를 받고 시험 중에는 재료의 교환 및 추가지급은 하지 않습니다.
4) 요구사항의 규격은 "정도"의 의미를 포함하며, 지급된 재료의 크기에 따라 가감하여 채점합니다.
5) 위생상태 및 안전관리 사항을 준수합니다.
6) 다음 사항에 대해서는 **채점대상에서 제외하니** 특히 유의하시기 바랍니다.
   - 기 권 – 수험자 본인이 시험 도중 시험에 대한 포기 의사를 표현하는 경우
   - 실 격 – 가스레인지 2개 이상(2개 포함) 사용한 경우
      - 불을 사용하여 만든 조리작품이 작품특성에 벗어나는 정도로 타거나 익지 않은 경우
      - 시험 중 시설·장비(칼, 가스레인지 등) 사용 시 감독위원 및 타수험자의 시험 진행에 위협이 될 것으로 감독위원 전원이 합의하여 판단한 경우
   - 미완성 – 시험시간 내에 과제 두 가지를 제출하지 못한 경우
      - 문제의 요구사항대로 과제의 수량이 만들어지지 않은 경우
   - 오 작 – 구이를 찜으로 조리하는 등과 같이 조리방법을 다르게 한 경우
      - 해당 과제의 지급재료 이외의 재료를 사용하거나 석쇠 등 요구사항의 조리도구를 사용하지 않은 경우
   - 요구사항에 표시된 실격, 미완성, 오작에 해당하는 경우
7) 항목별 배점은 위생상태 및 안전관리 5점, 조리기술 30점, 작품의 평가 15점입니다.

 만드는 방법

1. 다시마와 가쓰오부시를 사용해서 가쓰오다시를 준비한다.
2. 실파를 송송 썰어 찬물에 담가두고 무는 강판에 갈아 찬물에 행궈 둔다.
3. 김은 가늘게 썰어두고 가쓰오다시를 이용해 덴다시를 만들어 둔다.
4. 연두부의 물기를 제거하고 4cm×5cm×4cm 크기로 3등분하여 표면에 전분가루를 묻혀 튀겨낸다.
5. 튀긴 두부를 그릇에 담고 덴다시에 무즙을 풀어 골고루 끼얹은 후 실파와 김을 올려 완성한다.

- 오래 튀기면 두부가 터지므로 주의하여야 하며 젓가락으로 만져 보았을 때 겉이 딱딱하면 건져낸다.

달걀말이
出し巻き-だしまき

시험시간 **25분**

요구사항

※주어진 재료를 사용하여 다음과 같이 달걀말이를 만드시오.

가. 달걀과 가다랑어국물(가쓰오다시), 소금, 설탕, 맛술(미림)을 섞은 후 가는 체에 거르시오.

나. 젓가락을 사용하여 달걀말이를 한 후 김발을 이용하여 사각모양을 만드시오.
   (단, 달걀을 말 때 주걱이나 손을 사용할 경우는 감점 처리)

다. 길이 8cm, 높이 2.5cm, 두께 1cm 정도로 썰어 8개를 만들고, 완성되었을 때 틈새가 없도록 하시오.

라. 달걀말이(다시마끼)와 간장무즙을 접시에 보기 좋게 담아내시오.

재료
달걀 6개, 백설탕 20g, 건다시마(5×10cm) 1장, 소금(정제염) 10g
식용유 50ml, 가다랑어포(가쓰오부시) 10g, 맛술(미림) 30ml, 무 100g
진간장 30g, 청차조기잎(시소) 2장(깻잎으로 대체가능)

수험자 유의사항

1) 만드는 순서에 유의하며, 위생과 숙련된 기능평가를 위하여 조리작업 시 맛을 보지 않습니다.

2) 지정된 수험자지참준비물 이외의 조리기구나 재료를 시험장 내에 지참할 수 없습니다.

3) 지급재료는 시험 전 확인하여 이상이 있을 경우 시험위원으로부터 조치를 받고 시험 중에는 재료의 교환 및 추가지급은 하지 않습니다.

4) 요구사항의 규격은 "정도"의 의미를 포함하며, 지급된 재료의 크기에 따라 가감하여 채점합니다.

5) 위생상태 및 안전관리 사항을 준수합니다.

6) 다음 사항에 대해서는 **채점대상에서 제외하니** 특히 유의하시기 바랍니다.

- 기　권 – 수험자 본인이 시험 도중 시험에 대한 포기 의사를 표현하는 경우
- 실　격 – 가스레인지 2개 이상(2개 포함) 사용한 경우
  - 불을 사용하여 만든 조리작품이 작품특성에

벗어나는 정도로 타거나 익지 않은 경우
  - 시험 중 시설 · 장비(칼, 가스레인지 등) 사용 시 감독위원 및 타수험자의 시험 진행에 위협이 될 것으로 감독위원 전원이 합의하여 판단한 경우
- 미완성 – 시험시간 내에 과제 두 가지를 제출하지 못한 경우
  - 문제의 요구사항대로 과제의 수량이 만들어지지 않은 경우
- 오　작 – 구이를 찜으로 조리하는 등과 같이 조리방법을 다르게 한 경우
  - 해당 과제의 지급재료 이외의 재료를 사용하거나 석쇠 등 요구사항의 조리도구를 사용하지 않은 경우
- 요구사항에 표시된 실격, 미완성, 오작에 해당하는 경우

7) 항목별 배점은 위생상태 및 안전관리 5점, 조리기술 30점, 작품의 평가 15점입니다.

만드는 방법

1. 시소는 찬물에 담가 순을 살려두고 다시마와 가쓰오부시를 사용해서 가쓰오다시를 만들어 식혀둔다.

2. 달걀에 가쓰오다시 50cc, 소금 1/2ts, 설탕 1Ts, 맛술 1Ts, 간장 조금을 넣어 잘 섞은 후 고운 체에 걸러준다.

3. 무는 강판에 갈아서 찬물에 헹궈 물기를 제거 하고 간장을 섞어 간을 들여 놓는다.

4. 달걀말이팬을 달군 후 계란 물을 조금씩 부어가며 대나무 젓가락을 사용하여 길이 8cm, 높이 2.5cm, 두께 1cm 정도로 말아준다.

5. 완성된 달걀말이를 김발로 감싸 모양을 잡아주고 살짝 식힌 후 8등분 하여 접시에 시소를 깔아 그 위에 담고 간을 들여 놓은 무즙을 올려 완성한다.

TIP

- 젓가락에 너무 힘을 주어 뒤집으면 달걀이 깨지기 쉬우므로 팬을 잡은 손목의 반동을 이용하여 말아준다.
- 팬의 온도가 너무 낮으면 달걀이 잘 눌러 붙고 속이 제대로 익지 않으므로 온도 조절을 잘 해야 한다.
- 달걀이 2/3정도 익었을 때 말아주어야 층이 생기지 않고 서로 잘 붙는다.

우동볶음(야끼우동)
うどんの炒め物

시험시간 30분

요구사항

※주어진 재료를 사용하여 다음과 같이 우동볶음(야끼우동)을 만드시오.

가. 새우는 껍질과 내장을 제거하고 사용하시오.

나. 오징어는 솔방울 무늬로 칼집을 넣어 1×4cm 정도 크기로 썰어 데쳐 사용하시오.

다. 우동은 데쳐서 사용하시오.

라. 가다랑어포(하나가쓰오)를 고명으로 얹으시오.

재료

우동 150g, 작은 새우 3마리, 갑오징어몸살 50g, 양파 1/8개, 숙주 80g 생표고버섯 1개, 당근 50g, 청피망 1/2개, 가다랑어포(하나가쓰오) 10g, 청주 30ml 진간장 15ml, 맛술(미림) 15ml, 식용유 15ml, 참기름 5ml, 소금 5g

수험자 유의사항

1) 만드는 순서에 유의하며, 위생과 숙련된 기능평가를 위하여 조리작업 시 맛을 보지 않습니다.
2) 지정된 수험자지참준비물 이외의 조리기구나 재료를 시험장 내에 지참할 수 없습니다.
3) 지급재료는 시험 전 확인하여 이상이 있을 경우 시험위원으로부터 조치를 받고 시험 중에는 재료의 교환 및 추가지급은 하지 않습니다.
4) 요구사항의 규격은 "정도"의 의미를 포함하며, 지급된 재료의 크기에 따라 가감하여 채점합니다.
5) 위생상태 및 안전관리 사항을 준수합니다.
6) 다음 사항에 대해서는 **채점대상에서 제외하니** 특히 유의하시기 바랍니다.
   • 기   권 – 수험자 본인이 시험 도중 시험에 대한 포기 의사를 표현하는 경우
   • 실   격 – 가스레인지 2개 이상(2개 포함) 사용한 경우
      – 불을 사용하여 만든 조리작품이 작품특성에 벗어나는 정도로 타거나 익지 않은 경우
      – 시험 중 시설 · 장비(칼, 가스레인지 등) 사용 시 감독위원 및 타수험자의 시험 진행에 위협이 될 것으로 감독위원 전원이 합의하여 판단한 경우
   • 미완성 – 시험시간 내에 과제 두 가지를 제출하지 못한 경우
      – 문제의 요구사항대로 과제의 수량이 만들어지지 않은 경우
   • 오   작 – 구이를 찜으로 조리하는 등과 같이 조리방법을 다르게 한 경우
      – 해당 과제의 지급재료 이외의 재료를 사용하거나 석쇠 등 요구사항의 조리도구를 사용하지 않은 경우
   • 요구사항에 표시된 실격, 미완성, 오작에 해당하는 경우
7) 항목별 배점은 위생상태 및 안전관리 5점, 조리기술 30점, 작품의 평가 15점입니다.

 만드는 방법

1. 모든 재료를 깨끗하게 씻은 후 숙주는 머리와 꼬리를 손질하고, 양파는 1cm x 4cm 정도로 썬다.
2. 당근과 청피망, 표고버섯은 양파와 같은 크기로 썰어준다.
3. 새우는 껍질과 내장을제거하여 준비하고 오징어는 솔방울 무늬로 칼집을 넣어 채소와 같은 크기로 썰어 데친다.
4. 냄비에 물을 붓고 끓으면 우동면을 데쳐낸다.
5. 달구어진 팬에 식용유를 두르고 표고, 양파, 당근, 청피망, 숙주, 새우, 오징어 순으로 볶다가 청주와 진간장, 맛술, 소금으로 간을 하여 맛을 낸다.
6. 데쳐낸 우동면을 넣고 볶다가 참기름으로 마무리하여 접시에 담는다.
7. 가다랑어포를 고명으로 얹어 완성한다.

 TIP

• 채소에 수분이 생기거나 질겨지는 것을 방지하기 위해 센불에 빨리 볶아줘야 한다.
• 우동면은 오래 볶으면 팬에 달라붙거나 불기 때문에 마지막에 넣고 재료와 잘 어우러지도록 볶아준다.

메밀국수(자루소바)

そばきり

시험시간 30분

요구사항

※**주어진 재료를 사용하여 다음과 같이 메밀국수(자루소바)를 만드시오.**

가. 소바다시를 만들어 얼음으로 차게 식히시오.

나. 메밀국수는 삶아 얼음으로 차게 식혀서 사용하시오.

다. 메밀국수는 접시에 김발을 펴서 그 위에 올려내시오.

라. 김은 가늘게 채 썰어(하리기리) 메밀국수에 얹어내시오.

마. 메밀국수, 양념(야꾸미), 소바다시를 각각 따로 담아내시오.

재료

메밀국수 15g, 무 60g, 실파 40g, 김 1/2장, 고추냉이 10g
가다랑어포 10g, 건다시마 1장, 진간장 50ml, 백설탕 25g, 청주 15ml
맛술(미림) 10ml, 각얼음 200g

수험자 유의사항

1) 만드는 순서에 유의하며, 위생과 숙련된 기능평가를 위하여 조리작업 시 맛을 보지 않습니다.
2) 지정된 수험자지참준비물 이외의 조리기구나 재료를 시험장 내에 지참할 수 없습니다.
3) 지급재료는 시험 전 확인하여 이상이 있을 경우 시험위원으로부터 조치를 받고 시험 중에는 재료의 교환 및 추가지급은 하지 않습니다.
4) 요구사항의 규격은 "정도"의 의미를 포함하며, 지급된 재료의 크기에 따라 가감하여 채점합니다.
5) 위생상태 및 안전관리 사항을 준수합니다.
6) 다음 사항에 대해서는 **채점대상에서 제외하니** 특히 유의하시기 바랍니다.
   - 기 권 – 수험자 본인이 시험 도중 시험에 대한 포기 의사를 표현하는 경우
   - 실 격 – 가스레인지 2개 이상(2개 포함) 사용한 경우
     - 불을 사용하여 만든 조리작품이 작품특성에 벗어나는 정도로 타거나 익지 않은 경우
     - 시험 중 시설 · 장비(칼, 가스레인지 등) 사용 시 감독위원 및 타수험자의 시험 진행에 위협이 될 것으로 감독위원 전원이 합의하여 판단한 경우
   - 미완성 – 시험시간 내에 과제 두 가지를 제출하지 못한 경우
     - 문제의 요구사항대로 과제의 수량이 만들어지지 않은 경우
   - 오 작 – 구이를 찜으로 조리하는 등과 같이 조리방법을 다르게 한 경우
     - 해당 과제의 지급재료 이외의 재료를 사용하거나 석쇠 등 요구사항의 조리도구를 사용하지 않은 경우
   - 요구사항에 표시된 실격, 미완성, 오작에 해당하는 경우
7) 항목별 배점은 위생상태 및 안전관리 5점, 조리기술 30점, 작품의 평가 15점입니다.

 만드는 방법

1. 냄비에 젖은 면보로 닦은 다시마를 넣고 물이 끓으면 불을 끈 뒤 가쓰오부시를 넣고 2분 후 면보에 걸러낸다.
2. 가쓰오다시 1컵, 진간장 3T, 백설탕 1/2T, 청주 1T, 맛술 2/3T를 넣고 살짝 끓여 얼음물에 담가 차게 식힌다.
3. 와사비를 물에 개어 모양내고 송송 썬 실파와 강판에 간 무는 찬물로 씻어 매운맛을 제거한다.
4. 메밀국수는 끓는 물에 삶아 찬물에 여러 번 씻어 사리 지은 다음 접시에 김발을 깔고 모양을 잡아 올린다.
5. 김은 살짝 구워 가늘게 채 썰어 면 위에 고명으로 올린다.
6. 준비된 실파와 무는 물기를 제거하여 와사비와 함께 담고 완성된 메밀국수와 소바다시는 각각 따로 담아 제출한다.

- 자루소바는 차게 먹는 음식이므로 소바다시와 메밀국수는 얼음물에 식혀 차갑게 한다.
- 메밀국수를 삶을 때 찬물을 중간중간 부어주면 보다 탄력있게 된다.

전복버터구이
チョンボクボトグイ

시험시간 25분

요구사항
※주어진 재료를 사용하여 다음과 같이 전복버터구이를
만드시오.

가. 전복은 껍질과 내장을 분리하고 칼집을 넣어 한입 크
기로 어슷하게 써시오.

나. 내장은 모래주머니를 제거하고 데쳐서 사용하시오.

다. 채소는 전복의 크기로 써시오.

라. 은행은 속껍질을 벗겨 사용하시오.

재료
전복(껍질포함 2마리) 15g, 청 차조기 잎 1장, 양파 1/2개, 청피망 1/2개
청주 20ml, 은행 5알, 버터 20g, 검은 후춧가루 2g, 소금 15g, 식용유 30ml

만드는 방법

1 차조기 잎은 찬물에 담그고 양파는 2.5cm×3cm로 큼직하게 썰고 피망은 씨를 제거하고 양파와 같은 크기로 썰어둔다.

2. 팬에 기름을 두르고 은행을 볶아 껍질을 제거한다.

3. 전복은 깨끗이 씻어 껍질과 분리한 뒤 칼집을 넣어 한입 크기로 저며 썰어준다. 내장은 소금물에 데쳐 준비한다.

4. 달구어진 팬에 식용유를 두르고 양파와 피망을 볶다 전복과 전복내장을 넣고 버터와 소금, 후추, 청주로 맛을 낸다.

5. 접시에 차조기 잎을 깔고 완성된 재료를 보기 좋게 담아낸다.

• 전복은 너무 많이 익히면 오히려 질겨질 수 있으므로 채소가 어느정도 익었을 때 넣어준다.
• 버터는 식용유에 비해 발열점이 낮아 빨리 타므로 마지막에 넣어 향을 더해준다.

05 복어조리기능사

1. 개요

한식, 중식, 일식, 양식, 복어조리부문에 배속되어 제공될 음식에 대한 계획을 세우고 조리할 재료를 선정, 구입, 검수하고 선정된 재료를 적정한 조리 기구를 사용하여 조리 업무를 수행하며 음식을 제공하는 장소에서 조리시설 및 기구를 위생적으로 관리, 유지하고, 필요한 각종 재료를 구입, 위생학적, 영양학적으로 저장 관리하면서 제공될 음식을 조리ㆍ제공하기 위한 전문 인력을 양성하기 위하여 자격제도 제정.

2. 수행직무

복어조리부문에 배속되어 제공될 음식에 대한 계획을 세우고 조리할 재료를 선정, 구입, 검수하고 선정된 재료를 적정한 조리 기구를 사용하여 조리업무를 수행함 또한 음식을 제공하는 장소에서 조리시설 및 기구를 위생적으로 관리, 유지하고, 필요한 각종 재료를 구입, 위생학적, 영양학적으로 저장 관리하면서 제공될 음식을 조리하여 제공하는 직종임

3. 실시기관명-한국기술자격검정원

(1) 진로 및 전망

　　식품접객업 및 집단 급식소 등에서 조리사로 근무하거나 운영이 가능함. 업체간, 지역간의 이동이 많은 편이고 고용과 임금에 있어서 안정적이지는 못한 편이지만, 조리에 대한 전문가로 인정받게 되면 높은 수익과 직업적 안정성을 보장받게 된다.

　　– 식품위생법상 대통령령이 정하는 식품접객영업자(복어조리, 판매영업 등)와 집단급식소의 운영자는 조리사 자격을 취득하고, 시장 · 군수 · 구청장의 면허를 받은 조리사를 두어야 한다.

　　＊ 관련법 : 식품위생법 제34조, 제36조, 같은 법 시행령 제18조, 같은 법 시행규칙 제46조

(2) 시험안내 및 수수료

　　–필기 : ₩11,900
　　–실기 : ₩35,100

(3) 출제경향

　– 요구작업 내용 : 지급된 재료를 갖고 요구하는 작품을 시험 시간 내에 1인분을 만들어내는 작업
　– 주요 평가내용 : 위생상태(개인 및 조리과정), 조리의 기술(기구취급, 동작, 순서, 재료다듬기 방법), 작품의 평가, 정리정돈 및 청소

(4) 취득방법

　① 시 행 처 : 한국산업인력공단
　② 시험과목

－ 필기 : 1. 식품위생 및 관련법규   2. 식품학

                 3. 조리이론 및 급식관리   4. 공중보건

－ 실기 : 복어조리작업

③ 검정방법

   － 필기 : 객관식 4지 택일형, 60문항(60분)

   － 실기 : 작업형(1시간 정도)

④ 합격기준 : 100점 만점에 60점 이상

4. 개인위생상태 및 안전관리 세부기준 안내

(1) 개인위생상태 세부기준

순번	구분	세부기준
1	위생복	• 상의 : 흰색, 긴팔 • 하의 : 색상무관, 긴바지 • 안전사고 방지를 위하여 반바지, 짧은 치마, 폭넓은 바지 등 작업에 방해가 되는 모양이 아닐 것
2	위생모 (머리수건)	• 흰색 • 일반 조리장에서 통용되는 위생모
3	앞치마	• 흰색 • 무릎아래까지 덮이는 길이
4	위생화 또는 작업화	• 색상 무관 • 위생화, 작업화, 발등이 덮이는 깨끗한 운동화 • 미끄러짐 및 화상의 위험이 있는 슬리퍼류, 작업에 방해가 되는 굽이 높은 구두, 속 굽 있는 운동화가 아닐 것
5	장신구	• 착용 금지 • 시계, 반지, 귀걸이, 목걸이, 팔찌 등 이물, 교차오염 등의 식품위생 위해 장신구는 착용하지 않을 것
6	두발	• 단정하고 청결할 것 • 머리카락이 길 경우, 머리카락이 흘러내리지 않도록 단정히 묶거나 머리망 착용할 것
7	손톱	• 길지 않고 청결해야 하며 매니큐어, 인조손톱부착을 하지 않을 것

※ 개인위생 및 조리도구 등 시험장내 모든 개인물품에는 기관 및 성명 등의 표시가 없을 것

(2) 안전관리 세부기준

- 조리장비 · 도구의 사용 전 이상 유무 점검
- 칼 사용(손 빔) 안전 및 개인 안전사고 시 응급조치 실시
- 튀김기름 적재장소 처리 등

5. 복어조리기능사 지참준비물 목록

번호	재료명	규격	단위	수량	비고
1	가위	조리용	EA	1	
2	계량스푼	사이즈별	SET	1	
3	계량컵	200ml	EA	1	
4	공기	소	EA	1	
5	국대접	소	EA	1	
6	김발	20cm 정도	EA	1	
7	냄비	조리용	EA	1	시험장에도 있음
8	비닐 팩		EA	1	
9	랩, 호일	조리용	EA	1	
10	석쇠	조리용	EA	1	시험장에도 있음
11	소창 또는 면보	30×30cm	장	1	
12	위생타올	면	매	1	
13	쇠조리	조리용	EA	1	시험장에도 있음
14	숟가락	스테인리스	EA	1	
15	앞치마	백색	EA	1	
16	위생모 또는 위생수건	백색	EA	1	
17	위생복	백색	EA	1	
18	젓가락	나무 또는 쇠	EA	1	
19	칼	조리용	EA	1	
20	후라이팬	소형	EA	1	
21	쇠꼬챙이		EA	1	

※ 수험자 지참준비물 수량(1개)은 최소 필요량을 표시하였으므로 수험자가 필요시 추가 지참 가능하며, 시험에 불필요하다고 판단되는 것은 지참하지 않아도 무방합니다.

06 복어조리기능사

출제기준(필기)

직무 분야	음식 서비스	중직무 분야	조리	자격 종목	복어조리기능사	적용 기간	2019.1.1 ~ 2019.12.31.

• 직무내용 : 복어조리분야에 제공될 음식에 대한 기초 계획을 세우고 식재료를 구매, 관리, 손질하여 맛, 영양, 위생적인 음식을 조리하고 조리기구 및 시설관리를 유지하는 직무

필기검정방법	객관식	문제수	60	시험시간	1시간

필기과목명	문제수	주요항목	세부항목	세세항목
식품위생 및 관련법규, 식품학, 조리이론 및 급식관리, 공중보건	60	1. 식품위생	1. 식품위생의 의의 2. 식품과 미생물	1. 식품위생의 의의 1. 미생물의 종류와 특성 2. 미생물에 의한 식품의 변질 3. 미생물 관리 4. 미생물에 의한 감염과 면역
		2. 식중독	1. 식중독의 분류	1. 세균성 식중독의 특징 및 예방대책 2. 자연독 식중독의 특징 및 예방대책 3. 화학성 식중독의 특징 및 예방대책 4. 곰팡이 독소의 특징 및 예방대책
		3. 식품과 감염병	1. 경구감염병 2. 인수공통감염병 3. 식품과 기생충병 4. 식품과 위생동물	1. 경구감염병의 특징 및 예방대책 1. 인수공통감염병의 특징 및 예방대책 1. 식품과 기생충병의 특징 및 예방대책 1. 위생동물의 특징 및 예방대책
		4. 살균 및 소독	1. 살균 및 소독	1. 살균의 종류 및 방법 2. 소독의 종류 및 방법
		5. 식품첨가물과 유해물질	1. 식품첨가물	1. 식품첨가물 일반정보 2. 식품첨가물 규격기준 3 중금속 4. 조리 및 가공에서 기인하는 유해물질

필기과목명	문제수	주요항목	세부항목	세세항목
식품위생 및 관련법규, 식품학, 조리이론 및 급식관리, 공중보건	60	6. 식품위생관리	1. HACCP, 제조물책임법(PL) 등 2. 개인위생관리 3. 조리장의 위생관리	1. HACCP, 제조물책임법의 개념 및 관리 1. 개인위생관리 1. 조리장의 위생관리
		7. 식품위생관련 법규	1. 식품위생관련법규	1. 총칙 2. 식품 및 식품첨가물 3. 기구와 용기·포장 4. 표시 5. 식품등의 공전 6. 검사 등 7. 영업 8. 조리사 및 영양사 9. 시정명령·허가취소 등 행정제재 10. 보칙 11. 벌칙
			2. 농수산물의 원산지 표시에 관한 법규	1. 총칙 2. 원산지 표시 등
		8. 공중보건	1. 공중보건의 개념 2. 환경위생 및 환경오염	1. 공중보건의 개념 1. 일광 2. 공기 및 대기오염 3. 상하수도, 오물처리 및 수질오염 4. 소음 및 진동 5. 구충구서
			3. 산업보건 및 감염병 관리	1. 산업보건의 개념과 직업병 관리 2. 역학 일반 3. 급만성감염병관리
			4. 보건관리	1. 보건행정 2. 인구와 보건 8. 보건영양 4. 모자보건, 성인 및 노인보건 5. 학교보건

필기과목명	문제수	주요항목	세부항목	세세항목
식품위생 및 관련법규, 식품학, 조리이론 및 급식관리, 공중보건	60	9. 식품학	1. 식품학의 기초 2. 식품의 일반성분 3. 식품의 특수성분 4. 식품과 효소	1. 식품의 기초식품군 1. 수분 2. 탄수화물 3. 지질 4. 단백질 5. 무기질 6. 비타민 1. 식품의 맛 2. 식품의 향미(색, 냄새) 3. 식품의 갈변 4. 기타 특수성분 1. 식품과 효소
		10. 조리과학	1. 조리의 기초지식 2. 식품의 조리원리	1. 조리의 정의 및 목적 2. 조리의 준비조작 3. 기본조리법 및 다량조리기술 1. 농산물의 조리 및 가공 · 저장 2. 축산물의 조리 및 가공 · 저장 3. 수산물의 조리 및 가공 · 저장 4. 유지 및 유지 가공품 5. 냉동식품의 조리 6. 조미료 및 향신료
		11. 급식	1. 급식의 의의 2. 영양소 및 영양섭취기준, 식단작성 3. 식품구매 및 재고관리 4. 식품의 검수 및 식품감별 5. 조리장의 시설 및 설비 관리 6. 원가의 의의 및 종류	1. 급식의 의의 1. 영양소 및 영양섭취기준, 식단 작성 1. 식품구매 및 재고관리 1. 식품의 검수 및 식품감별 1. 조리장의 시설 및 설비 관리 1. 원가의 의의 및 종류 2. 원가분석 및 계산

출제기준(실기)

직무 분야	음식 서비스	중직무 분야	조리	자격 종목	복어조리기능사	적용 기간	2019.1.1 ~ 2019.12.31.

- 직무내용 : 복어조리부분에 배속되어 제공될 음식에 대한 기초 계획을 세우고 식재료를 구매, 관리, 손질하여 맛, 영양, 위생적인 음식을 조리하고 조리기구 및 시설관리, 유지하는 직무
- 수행준거 : 1. 복어조리의 고유한 형태와 맛을 표현할 수 있다.
  2. 숙련된 조리법으로 복어의 손질과 독성분 제거 및 껍질손질을 할 수 있다.
  3. 레시피를 정확하게 숙지하고 적절한 도구 및 기구를 사용할 수 있다.
  4. 조리과정이 위생적이고 정리정돈을 잘 할 수 있다.

실기검정방법	작업형		시험시간	60분 정도

실기과목명	주요항목	세부항목	세세항목
복어조리 작업	1. 어종감별	1. 계절별 유독성분의 어종 구분하기 2. 복어의 명칭구분하기	1 .복어의 계절별 유독성분의 어종 구분을 할 수 있다. 1. 복어의 명칭구분을 할 수 있다.
	2. 제독작업	1. 독성제거하기	1. 복어의 독성 제거작업을 할 수 있다. 2. 가식 부위와 불가식 부위를 구분 할 수 있다.
	3. 기본조리	1. 국류(지리냄비) 조리하기 2. 회류조리하기 3. 껍질손질하기	1. 주어진 재료를 사용하여 요구사항대로 국(지리냄비)를 조리할 수 있다. 1. 주어진 재료를 사용하여 요구사항대로 회류를 조리할 수 있다. 1. 복어껍질의 분리와 가시제거를 할 수 있다
	4. 담기	1. 그릇담기	1. 적절한 그릇에 담는 원칙에 따라 음식을 모양 있게 담아 음식의 특성을 살려 낼 수 있다.
	5. 조리작업관리	1. 조리작업, 안전, 위생관리하기	1. 조리복·위생모 착용, 개인위생 및 청결 상태를 유지할 수 있다. 2. 식재료를 청결하게 취급하며 전 과정을 위생적으로 안전하게 정리정돈하며 조리할 수 있다.

복어회
河豚刺身-ふぐさしみ

시험시간 60분

재료
복어(600g) 1마리, 당근 50g, 무 100g, 배추 250g
생표고버섯 20g, 대파 1대, 팽이버섯 10g, 두부 1/6모
찹쌀떡(가래떡) 15g, 미나리 20g, 건 다시마(5×10cm) 1장
실파 10g, 레몬 1/8개, 진간장 30ml, 식초 30ml
가쓰오부시 10g, 소금 10g, 고춧가루(고운것) 2g,
청주 20g

요구사항
※ **주어진 재료를 사용하여 다음과 같이 복어회, 복어 맑은탕을 만드시오.**
가. 복의 겉껍질과 속껍질을 분리하여 손질하고, 가시를 제거하시오.
나. 복어지리용 채소(무, 당근 등)는 모양(은행잎, 매화꽃 등)내어 사용하시오.
다. 뼈는 5cm 정도 크기로 토막 내어 사용하시오.
라. 회는 얇게 포를 떠 시계반대방향으로 돌려 담으시오.
마. 완성품은 초간장(폰즈), 양념(야꾸미)과 함께 모양 있게 담아내시오.

수험자 유의사항

1) 만드는 순서에 유의하며, 위생과 숙련된 기능평가를 위하여 조리작업 시 맛을 보지 않습니다.
2) 지정된 수험자지참준비물 이외의 조리기구나 재료를 시험장 내에 지참할 수 없습니다.
3) 지급재료는 시험 전 확인하여 이상이 있을 경우 시험위원으로부터 조치를 받고 시험 중에는 재료의 교환 및 추가지급은 하지 않습니다.
4) 요구사항의 규격은 "정도"의 의미를 포함하며, 지급된 재료의 크기에 따라 가감하여 채점합니다.
5) 위생상태 및 안전관리 사항을 준수합니다.
6) 다음 사항에 대해서는 **채점대상에서 제외하니** 특히 유의하시기 바랍니다.
 • 기 권 – 수험자 본인이 시험 도중 시험에 대한 포기의사를 표현하는 경우
 • 실 격 – 가스레인지 2개 이상(2개 포함) 사용한 경우
  – 불을 사용하여 만든 조리작품이 작품특성에

벗어나는 정도로 타거나 익지 않은 경우
  – 시험 중 시설·장비(칼, 가스레인지 등) 사용 시 감독위원 및 타수험자의 시험 진행에 위협이 될 것으로 감독위원 전원이 합의하여 판단한 경우
 • 미완성 – 시험시간 내에 과제 두 가지를 제출하지 못한 경우
  – 문제의 요구사항대로 과제의 수량이 만들어지지 않은 경우
 • 오 작 – 구이를 찜으로 조리하는 등과 같이 조리방법을 다르게 한 경우
  – 해당 과제의 지급재료 이외의 재료를 사용하거나 석쇠 등 요구사항의 조리도구를 사용하지 않은 경우
 • 요구사항에 표시된 실격, 미완성, 오작에 해당하는 경우
7) 항목별 배점은 위생상태 및 안전관리 5점, 조리기술 30점, 작품의 평가 15점입니다.

 만드는 방법(복어회 河豚刺身–ふぐさしみ)

1. 복어를 손질한다.(복어 손질방법 참조)
 (지느러미제거–주둥이 자르기–껍질분리–협골–아가미와 내장분리–눈알떼기–머리 자르기– 배꼽살 떼어내기–세장뜨기– 남은 식용 가능한 부위 손질하기)
2. 손질한 복어는 흐르는 물에 담가두고 살 부분은 미리 건져 마른 행주로 깨끗이 닦아 수분을 제거하여 감싸 놓는다.
3. 껍질은 겉껍질과 속껍질로 분리하여 붙어있는 가시를 제거하고 끓는 물에 데쳐 수분을 제거 해 놓는다.
4. 젖은 행주를 준비하여 칼을 닦아가며 복어 살을 얇게 포를 떠서 접시에 돌려가며 가지런히 담는다.(우스쯔쿠리)
5. 준비된 껍질과 미나리를 4~5cm 길이로 잘라 올리고 옆 지느러미를 나비모양으로 손질하여 함께 장식하여 뽄즈, 야꾸미와 함께 곁들여 낸다.

• 복어의 살은 탄력이 좋아 칼날에 잘 달라붙기 때문에 복어 회를 뜰 때에는 젖은 행주로 칼을 닦아가며 사용한다.

복어 맑은탕
河豚ちり鍋-ふぐちり

시험시간 60분

재료

복어(600g) 1마리, 당근 50g, 무 100g, 배추 250g
생표고버섯 20g, 대파 1대, 팽이버섯 10g, 두부 1/6모
찹쌀떡(가래떡) 15g, 미나리 20g, 건 다시마(5×10cm) 1장
실파 10g, 레몬 1/8개, 진간장 30ml, 식초 30ml
가쓰오부시 10g, 소금 10g, 고춧가루(고운것) 2g,
청주 20g

요구사항

※주어진 재료를 사용하여 다음과 같이 복어회, 복어 맑
은탕을 만드시오.

가. 복의 겉껍질과 속껍질을 분리하여 손질하고, 가시를
　제거하시오.

나. 복어지리용 채소(무, 당근 등)는 모양(은행잎, 매화꽃
　등)내어 사용하시오.

다. 뼈는 5cm 정도 크기로 토막 내어 사용하시오.

라. 회는 얇게 포를 떠 시계반대방향으로 돌려 담으시오.

마. 완성품은 초간장(폰즈), 양념(야꾸미)과 함께 모양 있
　게 담아내시오.

수험자 유의사항

1) 만드는 순서에 유의하며, 위생과 숙련된 기능평가를 위하여 조리작업 시 맛을 보지 않습니다.
2) 지정된 수험자지참준비물 이외의 조리기구나 재료를 시험장 내에 지참할 수 없습니다.
3) 지급재료는 시험 전 확인하여 이상이 있을 경우 시험위원으로부터 조치를 받고 시험 중에는 재료의 교환 및 추가지급은 하지 않습니다.
4) 요구사항의 규격은 "정도"의 의미를 포함하며, 지급된 재료의 크기에 따라 가감하여 채점합니다.
5) 위생상태 및 안전관리 사항을 준수합니다.
6) 다음 사항에 대해서는 **채점대상에서 제외하니** 특히 유의하시기 바랍니다.
   - 기 권 – 수험자 본인이 시험 도중 시험에 대한 포기 의사를 표현하는 경우
   - 실 격 – 가스레인지 2개 이상(2개 포함) 사용한 경우
     - 불을 사용하여 만든 조리작품이 작품특성에 벗어나는 정도로 타거나 익지 않은 경우
     - 시험 중 시설·장비(칼, 가스레인지 등) 사용 시 감독위원 및 타수험자의 시험 진행에 위협이 될 것으로 감독위원 전원이 합의하여 판단한 경우
   - 미완성 – 시험시간 내에 과제 두 가지를 제출하지 못한 경우
     - 문제의 요구사항대로 과제의 수량이 만들어지지 않은 경우
   - 오 작 – 구이를 찜으로 조리하는 등과 같이 조리방법을 다르게 한 경우
     - 해당 과제의 지급재료 이외의 재료를 사용하거나 석쇠 등 요구사항의 조리도구를 사용하지 않은 경우
   - 요구사항에 표시된 실격, 미완성, 오작에 해당하는 경우
7) 항목별 배점은 위생상태 및 안전관리 5점, 조리기술 30점, 작품의 평가 15점입니다.

만드는 방법(복어 맑은탕 河豚ちり鍋-ふぐちり)

1. 복어회를 뜨고 남은 뼈와 살을 깨끗이 손질하여 5cm길이로 잘라 끓는 물에 데쳐둔다.
2. 당근은 매화모양, 무는 은행잎 모양으로 만들고, 실파는 송송 썰어서 찬물에 담가둔다.
3. 끓은 물에 당근, 무, 배추를 데쳐서 찬물에 담가 둔다.
4. 데친 배추는 김발로 말아두고 무는 강판에 갈아서 고운 고춧가루에 무쳐 모미지오로시를 만들고 다시마육수와 간장, 식초로 폰즈를 만들어 둔다.
5. 생표고버섯은 별모양을 내고, 두부는 2~3 토막을 낸다. 대파는 어슷 썰어 준비한다.
6. 복떡은 석쇠에 노릇하게 굽는다.
7. 냄비에 재료를 보기 좋게 담고 다시마육수를 부어 끓이다 미나리와 팽이를 올려 완성한 후 폰즈와 야꾸미를 곁들여 낸다.

TIP

• 복어의 살은 탄력이 좋아 칼날에 잘 달라붙기 때문에 복어 회를 뜰 때에는 젖은 행주로 칼을 닦아가며 사용한다.

06 기본 응용요리

캘리포니아롤

カリフォルニアロ-ル

재료

쌀 120g, 아보카도 40개, 통생강 30g, 마요네즈 100g, 고추냉이 20g
백설탕 50g, 소금 20cc, 식초 20cc, 초밥용 김 1장, 달걀 2개, 게살 60g
오이 1/2개, 날치알(붉은색) 20g, 화이트와인 20cc, 꿀 10g

 만드는 방법

1. 쌀을 불려 밥을 약간 고슬하게 지어 놓는다.

2. 배합초(식초 3, 설탕 2, 소금 1)를 소금과 설탕이 녹을 정도로만 저어가며 살짝 끓여 식힌다.

3. 준비된 배합초를 밥과 함께 섞어 준비해 둔다.(샤리)

4. 통생강은 얇게 슬라이스하여 끓는 물에 삶은 후 남은 배합초에 담가둔다.

5. 오이는 돌려깎기를 하여 심을 빼고 가늘게 채 썬다.

6. 달걀을 풀고 소금, 설탕으로 간을 하여 초밥용 달걀말이를 말아 둔다.

7. 아보카도는 슬라이스하여 준비하고 게살은 잘게 찢어 마요네즈와 함께 버무린다.

8. 마요네즈 50g, 꿀 10g, 화이트와인 30cc, 분말와사비 5g을 잘 섞어 와사비 소스를 만든다.

9. 김발에 랩을 씌워 김을 2/3장 깔고 초밥용 밥을 골고루 펼친 후 뒤집어 준비된 재료를 가지런히 올려 말아준다.

10. 롤 위에 날치알을 골고루 바른 후 8~10등분하여 접시에 담고 와사비 소스를 뿌려 완성한다.

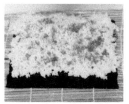

아게나스
唐げ加子 あげなす

재료

가지 100g, 무 60g, 실파 20g, 생강 20g, 이토가쓰오 5g, 건다시마 5g
가다랑어포 20g, 진간장 20cc, 청주 20cc, 맛술 20cc

 만드는 방법

1. 다시마와 가다랑어포를 이용하여 가쓰오다시를 만든다.

2. 가지를 세로로 길게 이등분하고 껍질 쪽에 칼집을 넣어 6~7cm 길이로 잘라
   둔다.

3. 무는 강판에 갈고 실파는 송송 썰어 각각 찬물에 헹구어둔다.

4. 생강은 강판에 곱게 갈아둔다.

5. 가쓰오다시 90cc, 설탕 1/2T, 미림 1T, 청주 1T, 간장 30cc를 살짝 끓여 소스
   를 만들어 둔다.

6. 가지를 160℃ 온도의 기름에 튀겨낸 다음 키친타월을 이용하여 기름기를 제
   거하여 그릇에 담고 준비된 소스를 부어준다.

7. 튀겨진 가지 위에 실파와 무즙, 생강즙, 이토가쓰오를 올려 완성한다.

아나고 난방즈케

穴子南方漬 あなこなんばんつけ

재료

붕장어 150g, 양파 1/4개, 당근 50g, 백설탕 20g, 맛술 10cc
건홍고추 1/2개, 건다시마 1장, 가다랑어포 20g, 진간장 10cc, 레몬 1/4개
대파 40g, 식초 40cc, 식용유 500cc

 만드는 방법

1. 다시마와 가다랑어포를 이용하여 가쓰오다시를 만든다.

2. 양파와 당근은 가늘게 채 썰어 소금에 살짝 절여 준다.

3. 대파는 3~4cm 길이로 잘라 구워준다.

4. 가쓰오다시 6, 식초 4, 설탕 2, 간장 1/2, 맛술 1/2의 비율로 소스를 만들어 식혀둔다.

5. 아나고를 손질하여 1cm 두께로 썰어 수분을 제거하고 전분을 묻혀 165℃ 정도의 기름에 바삭하게 튀겨낸다.

6. 절여둔 양파와 당근을 찬물에 씻어 소금간을 빼고 손으로 꽉 짜서 물기를 제거한다.

7. 튀겨진 아나고와 양파, 당근을 고루 섞어 그릇에 담고 식혀둔 소스를 부어준 다음 구운 대파와 건홍고추, 레몬 슬라이스로 장식하여 완성한다.

오코노미야키

お好み焼き おこのみやき

재료

베이컨 3장, 칵테일 새우 6마리, 오징어 50g, 양배추 80g, 산마 50g
숙주 60g, 밀가루(박력분) 100g, 우유 100cc, 소금 5g, 마요네즈 50g
오코노미야키 소스 50g, 하나 가쓰오부시 30g, 파래가루 10g, 달걀 1개
화이트와인 30cc

 만드는 방법

1. 밀가루, 우유, 산마 즙을 섞고 적당량의 소금으로 간을 맞추어 오코노미야키
   반죽을 만들어 둔다.

2. 오징어는 껍질을 제거하여 채 썰고 숙주는 찬물에 씻어 물기를 제거해 둔다.

3. 베이컨은 한입 크기로 자르고 양배추를 가늘게 채 썰어 준비된 재료와 함께
   믹싱볼에 담는다.

4. 믹싱볼에 담긴 재료에 만들어 둔 반죽과 달걀 1개를 넣고 잘 섞어 예열된 프
   라이팬에 붓고 타지 않게 익혀준다.

5. 완성된 오코노미야키를 접시에 담고 마요네즈와 오코노미야키 소스, 파래가
   루를 뿌리고 그 위에 하나가쓰오부시를 올려 마무리한다.

오차즈케

お茶漬 おちゃつけ

재료

쌀 100g, 녹차 잎 3g, 시소 1장, 우메보시 1알, 우스구치 10ml, 청주 10ml
맛술 10ml, 소금 5g, 연어 80g, 명란 30g, 와사비 10g, 김 1/4장

 만드는 방법

1. 쌀을 씻어 밥을 지어 놓는다.

2. 우메보시는 씨를 제거하여 다져놓고 시소와 김은 가늘게 채 썰어 둔다.

3. 와사비를 찬물에 개어놓고 물을 끓여 80℃ 정도로 맞춰 찻잎을 우려낸다.

4. 밥을 그릇에 담고 우러난 녹차에 간장, 소금, 맛술, 청주로 간을 하여 밥이 80%
   정도 잠기게 오차를 부어준다.

5. 밥 위에 다져놓은 우메보시와 시소, 김, 와사비를 올려 완성한다.

   * 여기에 우메보시 대신 연어를 슬라이스하여 올리면 연어 차 덮밥, 명란 껍질을
     제거하고 살짝 구워 올리면 명란 차 덮밥이 된다.

소고기 카레 고로케

カレコロッケ

재료

우민찌 100g, 감자 1개, 달걀 1개, 밀가루 100g, 빵가루 100g

식용유 500ml, 소금 10g, 후추 2g, 생크림 20ml, 버터 30g, 카레가루 20g

양파 80g

 만드는 방법

1. 감자는 껍질을 벗기고 삶아준다.

2. 팬에 버터를 넣고 양파를 곱게 다져 볶다 소고기를 넣고 소금, 후추로 간을
   하여 수분이 제거될 때까지 볶아준다.

3. 삶아진 양파는 으깬 다음 체에 내려 볶아놓은 재료와 섞고 생크림 1T에 소금,
   후추, 카레가루를 넣어 골고루 잘 섞어준다.

4. 살짝 식혀 적당한 크기로 모양을 잡고 밀가루 → 달걀 → 빵가루 순으로 옷을
   입혀 165℃ 온도의 기름에 바삭하게 튀겨낸다.

5. 양배추를 가늘게 채 썰어 접시에 담고 튀겨진 고로케를 올려 낸다.

우마니

旨煮 うまに

재료

감자 80g, 무 80g, 죽순 80g, 당근 80g, 연근 80g, 곤약 60g
닭고기 100g, 건다시마 5g, 가쓰오부시 20g, 간장 50ml, 설탕 50g
청주 20ml, 맛술 20ml, 식용유 20ml, 청피망 40g, 소금 10g

 만드는 방법

1. 다시마와 가쓰오부시를 이용하여 가쓰오다시를 만든다.

2. 지급된 모든 재료를 한입 크기로 썬다.

3. 감자와 피망을 제외한 모든 재료를 끓는 물에 데친 후 찬물에 헹궈둔다.

4. 팬에 기름을 두르고 피망을 제외한 모든 재료를 색이 나도록 볶아준다.

5. 볶아진 재료를 냄비에 담고 가쓰오다시와 청주, 설탕을 넣고 끓인다.

6. 끓어오르면 이물질을 제거하고 간장, 청주로 간을 하여 조린다.

7. 거의 조려지면 피망을 넣고 한 번 더 살짝 조려 완성접시에 담아낸다.

부록

01 식자재 명칭

1. 어패류의 명칭

재료명	일본어	한자	영어
가다랑어	かつお	鰹	skipjack
가리비	ほたてがい	帆立貝	scallop
가자미	かれい	鰈	flat fish
갈치	たちうお	太刀魚	hair tail
개량조개	ばかがい	馬鹿貝	shellfish
갯가재	しゃこ	蝦蛄	squilla
갯장어	はも	鱧	pike eel
게	かに	蟹	crab
고등어	さば	鯖	mackerel
고래	くじら	鯨	whale
관자	かいばしら	貝柱	scallops
광어	ひらめ	平目	halibut
굴	かき	牡蠣	oyster
꽁치	さんま	秋刀魚	mackerel pike

재료명	일본어	한자	영어
꽃게	わたりかに	渡蟹	swimming crab
낙지	いいたこ	飯蛸	small octopus
날치	とびうお	飛魚	flying fish
날치알	とびこ	飛魚子	flying fish roe
놀래미	あいなめ	點並	fat cod
농어	すずき	鱸	sea bass
눈다랑어	めばち	眼撥	bigeye
단새우	あまえび	甘海老	sweet shrimp
대구	たら	鱈	codfish
도다리	めいたかれい	眼板鰈	flounder
도미	たい	鯛	sea bream
돌돔	いしだい	石鯛	rock bream
떡조개	みるがい	水松貝	white ear−shell
병어	まなかつお	眞魚鰹	pomfret
보리멸	きす	鱚	blow fish
복어	ふぐ	河豚	puffer
볼락	そい	眼張	dark banded rock fish
부시리	ひらまさ	平政	amber jack
붕어	ふな	鮒	carp
비단조개	あおやぎ	靑柳	trough shell
빙어	わかさぎ	公魚	smelt
삼치	さわら	鰆	spanish mackerel
상어	さめ	鮫	shark
새우	えび	海老	shrimp

재료명	일본어	한자	영어
새조개	とりがい	鳥貝	cockle
성게알	うに	海栗	urchin roe
소라	さざえ	栄螺	top shell
숭어	ぼら	鰡	common mullet
아귀	あんこう	鮟鱇	angler fish
연어	さけ	鮭	salmon
연어알	イクラ	イクラ	salmon roe
열빙어	ししゃも	柳葉魚	mallotus villosus
오징어	いか	烏賊	cuttle fish
옥도미	あまだい	甘鯛	a tile fish
우럭	めばる	目張	rock fish
은대구	ぎんだら	銀鱈	black-cod
은어	あゆ	鮎	sweet fish
잉어	こい	鯉	carp fish
자라	すっぽん	鼈	terrapin
전갱이	あじ	鰺	horse mackerel
전복	あわび	鮑	abalone
전어	こはだ	小肌	gizzard shad
정어리	いわし	鰯	sardine
조기	いしもち	石首魚	yellow croaker
중합	はまぐり	蛤	clam
쥐치	かわはき	皮剝	file fish
참치	まぐろ	鮪	tuna
청어	にしん	鰊	herring

재료명	일본어	한자	영어
청어알	かずのこ	數の子	herring roe
털게	けがに	毛蟹	hairy crab
피조개	あかがい	赤貝	arch shell
학꽁치	さより	細魚	half beak
해삼	なまこ	海鼠	sea cucumber
해삼창자	このわた	海鼠腸	salted entrails of trepangs
해파리	くらげ	海月	jelly fish
홍합	いがい	貽貝	mussel
황다랑어	ぎはだ	黃肌	yellow tuna
황새치	めかじき	眼梶木	swordfish

2. 채소류의 명칭

재료명	일본어	한자	영어
가지	なす	茄子	egg plant
감	かき	枾	persimmon
감자	じゃがいも	馬鈴薯	potatoes
고구마	さつまいも	薩摩芋	sweet potato
고사리	わらび	蕨	a bracken
고추	とうがらし	唐辛子	pepper
고추냉이	わさび	山揆	green horse radish
귤	みかん	蜜柑	tangerine
김	のり	海苔	laver
나도팽나무버섯	なめこ	滑子	pholiota nameko
느타리버섯	ひらたけ	平茸	an agaric
다시마	こんぶ	昆布	sea tangle
단무지	たくあん	沢庵	pickled radish
당근	にんじん	人参	carrot
대두	だいず	大豆	soy beans
두릅	たらのめ	楤芽	aralia shoots
들깨	えごま	荏胡麻	perilla seeds
딸기	いちご	每	strawberry
땅두릅	うど	独活	udo
마늘	にんにく	大蒜	garlic
매실	うめ	梅	a plum
메밀	そば	蕎麦	buck wheat
무순	かいわれ	貝割	kaiware

재료명	일본어	한자	영어
무	だいこん	大根	a radish
미나리	せり	芹	korean parsley
미역	わかめ	若布	brown seaweed
밀가루	こむぎこ	小麥紛	wheat
박고지	かんぴょう	干瓢	dried gourd shavings
밤	くり	栗	a chestnut
배추	はくさい	白采	chinese cabbage
백합뿌리	ゆりね	百合根	lily root
버섯	きのこ	茸	fungi
복숭아	もも	桃	peach
사과	りんご	林檎	apple
산초	さんしょう	山椒	japanese pepper
생강	しょうが	生姜	ginger
석이버섯	いわたけ	岩茸	black fangus
셋잎	みつば	三葉	japanese harnwort
송이버섯	まつたけ	松茸	a pine mushroom
수박	すいか	西瓜	watermelon
숙주	もやし	萌	bean sprouts
순무	かぶ	蕪	turnip
순채	じゅんさい	蓴菜	water shield
시금치	ほうれんそう	菠稜草	spinach
실파	あさつき	淺葱	a small green onion
쑥갓	しゅんぎく	菊菜	crown daisy
양파	たまねぎ	玉葱	onion

재료명	일본어	한자	영어
연근	れんこん	蓮根	a lotus root
영귤	すだち	酢橘	citrus sudachi
오이	きゅうり	胡瓜	cucumber
우엉	ごぼう	牛蒡	edible burdock
유자	ゆず	柚子	citrus fruit
유채꽃	なのはな	菜花	a rape flower
은행	ぎんなん	銀杏	ginkgo nut
잣	まつのみ	松の實	pine nut
죽순	たけのこ	筍	bamboo shoots
차조기	しそ	紫蘇	sesame leaves siso
참깨	ごま	胡麻	sesame
참마	なかいも	長薯	hemp
초 생강	はじかみ	薑	ginger
콩	まめ	豆	beans
콩나물	まめもやし	豆萌	bean sprout
토란	さといも	里芋	taro
파	ねぎ	葱	welsh onion
팥	あずき	小豆	a red bean
팽이버섯	えのきたけ	茸	straw mushroom
포도	ぶどう	葡萄	grape black
표고버섯	しいたけ	椎茸	wild mushroom
풋콩	えだまめ	技豆	green soybean
한천	かんてん	寒天	agar
호박	かぼちゃ	南瓜	pumpkin

02 조리용어

あ

- 아가리(上 あがり) : 조리 용어로 하나의 요리가 완성된 것을 의미한다. 초밥집에서는 질 낮은 녹차를 의미하기도 한다.
- 아게다마(揚げ玉 あげだま) : 튀김을 튀길 때 생기는 밀가루 튀김 옷
- 아게다시도후(揚出豆腐 あげだしどうふ) : 두부를 잘라 물기를 빼고 전분을 입혀 튀겨낸 요리
- 아게모노(揚物 あげもの) : 튀김요리
- 아라(粗 あら) : 생선을 요리하고 남은 찌꺼기. 생선살을 발라내고 남은 것을 말한다.
- 아라레(霰 あられ) : 싸라기눈처럼 작게 자른 떡을 건조시켜 볶아 구수하게 맛을 낸 것
- 아라이(洗い あらい) : 살아 있는 잉어, 도미, 농어 등을 얇게 썰어 얼음을 띄운 찬물에 씻어 만드는 생선회
- 아라지오(洗塩 あらじお) : 정재하기 전의 소금으로 간수가 많아 쓴맛이 강하다.
- 이미이모노(甘物 あまいもの) : 맛이 단 음식
- 아마즈(甘酢 あまず) : 식초에 설탕을 섞어 만든 단촛물

- 아메(飴 あめ) : 조청이나 엿
- 아부라(油 あぶら) : 기름
- 아부라누키(油抜 あぶらぬき) : 재료의 기름을 제거하는 일
- 아부라아게(油揚 あぶらあげ) : 유부. 두부를 잘라서 수분을 제거한 다음 튀겨낸 것
- 아시라이(あしらい) : 주재료에 첨가해서 옆에 늘어놓는 곁들임을 말한다.
- 아에모노(和え物 あえもの) : 무침요리
- 아오미(靑味 あおみ) : 요리에 곁들이는 푸른색 채소
- 아오우오(靑魚 あおうお) : 고등어, 정어리, 꽁치와 같이 등푸른 생선
- 아와다테키(泡立器 あわだてぎ) : 거품기
- 아와세즈(合酢 あわせず) : 혼합초. 여러 가지 재료를 넣고 섞은 식초
- 아유즈시(鮎鮨 あゆずし) : 은어초밥
- 아지(味 あじ) : 맛
- 아지쓰케(味付 あじづけ) : 조미
- 아카다시(赤出汁 あかだし) : 적 된장국
- 아카미(赤身 あかみ) : 참치나 고기의 붉은 살
- 아카미소(赤味噌 あかみそ) : 적 된장
- 아카오로시(赤卸 あかおろし) : 무즙에 빨간 고춧가루를 섞은 것
- 아쿠(灰汁 あく) : 떫은맛. 쓴맛. 아린 맛 등을 말한다.
- 아타리고마(當胡麻 あたりごま) : 참깨를 곱게 갈아서 엑기스 형태로 만든 것

い
//////////

- 이나리즈시(稲荷鮨 いなりずし) : 유부초밥
- 이리타마고(煎り卵 いりたまご) : 달걀을 볶은 것

- 이소베(磯辺 いそべ) : 아사쿠사 김을 이용하여 만든 요리
- 이자카야(居酒屋 いざかや) : 일본의 선술집
- 이초기리(銀杏 いちょうぎり) : 은행잎 모양으로 썰기
- 이치몬지(一文字 いちもんじ) : 뒤집게
- 이치반다시(一番出汁 いちばんだし) : 일번다시
- 이케즈쿠리(生作 いけづくり) : 살아 있는 생선을 그대로 내장만 제거하고 원형을 유지하며 생선회를 만드는 방법
- 이케지메(生締 いけじめ) : 살아 있는 생선의 선도를 유지하기 위해 머리를 찔러 피를 빼는 일
- 이코미(鋳込み いこみ) : 오이, 호박, 토마토 등을 속을 파내고 각종 재료를 넣은 것
- 이타메모노(炒物 いためもの) : 볶음요리
- 이토가키(糸搔 いとがき) : 가다랑어포를 유리나 사기그릇 쪽으로 긁어 실모양으로 가늘게 깎아낸 것
- 이토즈쿠리(糸作 いとづくり) : 생선회나 오징어 등을 가늘게 썬 것

う

- 우네리구시(畝串 うぬりぐし) : 생선을 구울 때 살아 있는 듯하게 꼬챙이를 끼워 넣는 방법
- 우라고시(裏漉 うらごし) : 재료를 거르는 체
- 우로코히키(鱗引 うろこひき) : 비늘치기
- 우마니(旨煮 うまに) : 간장과 설탕, 미림 등으로 단맛이 강하게 조린 요리
- 우마미(旨味 うまみ) : 맛있는 맛. 감칠맛
- 우메보시(梅干 うめぼし) : 매실 절임
- 우스구치쇼유(薄口醬油 うすくちしょうゆ) : 연 간장

- 우스바보초(薄刀包丁 うすばぼうちょう) : 야채 칼
- 우스이타(薄板 うすいた) : 생선회 등을 보관하거나 장식할 때 사용하는 얇은 나무
- 우스즈쿠리(薄作 うすつくり) : 흰살 생선을 접시의 바닥이 보일 정도로 아주 얇게 썬 것

え

- 에라(鰓 えら) : 생선의 아가미
- 엔가와(縁側 えんがわ) : 오징어, 광어 등의 지느러미 살. '엔삐라'라고도 한다.

お

- 오니기리(御握り おにぎり) : 주먹밥
- 오로스(卸す おろす) : 생선이나 재료의 뼈와 살을 분리하는 작업
- 오로시(卸し おろし) : 주로 야채나 무를 강판에 가는 행위를 말한다.
- 오로시가네(卸金 おろしがね) : 강판
- 오보로(朧 おぼろ) : 새우나 대구 살로 만든 김초밥의 재료로 쓰이는 가루
- 오시즈시(押し鮨 おしずし) : 누름상자를 이용한 초밥으로 오사카의 대표적인 초밥
- 오야코돈부리(親子丼 おやこどんぶり) : 닭고기, 파, 채소와 달걀을 익혀 올린 덮밥
- 오차즈케(茶漬け おちゃづけ) : 밥 위에 재료를 놓고 뜨거운 차를 부어 먹는 것
- 오코노미야키(お好み焼き) : 우리나라 빈대떡과 같다. 밀가루 반죽에 원하

는 재료를 골고루 섞어 부쳐 먹는다.

- 오토시부타(落し蓋 おとしぶた) : 조림용 뚜껑을 말한다.

か

- 가고(籠 かご) : 재료의 물을 빼거나 면을 손질할 때 사용하는 대나무용기
- 가나구시(金串 かなぐし) : 쇠꼬챙이
- 가라스미(唐墨 からすみ) : 어란. 숭어나 농어를 주로 이용하며 일본요리
  의 삼대 진미 중 하나로 꼽힌다.
- 가라시즈(芥子酢 からしず) : 겨자초
- 가라아게(空揚げ からあげ) : 밀가루나 전분을 섞어 튀기는 튀김요리
- 가마(鎌 かま) : 물고기 아가미 아래 지느러미가 붙어 있는 부위의 살
- 가마보코(蒲鉾 かまぼこ) : 생선 어묵
- 가미나베(紙鍋 かみなべ) : 종이냄비
- 가미시오(紙塩 かみしお) : 생선의 수분을 제거하기 위해 종이에 소금을 뿌
  려 감싸는 방법
- 가미카타료리(上方料理 かみかたりょうり) : 관서요리의 다른 이름
- 가바야키(蒲焼 かばやき) : 장어 데리야키
- 가부토(兜 かぶと) : 생선의 머리가 투구와 같아 붙여진 말
- 가시(菓子 かし) : 과자. 옛날에 과자는 과일이었다.
- 가쓰라무키(桂剥 かつらむき) : 돌려 깎기
- 가쓰오노타타키(鰹叩き かつおのたたき) : 가다랑어를 불에 구워낸 생선회
- 가쓰오부시(鰹節 かつおぶし) : 가다랑어 포
- 가오리(香 かおり) : 향(향기)
- 가유(粥 かゆ) : 죽
- 가이와레(貝割れ かいわれ) : 무순

- 가이와리(貝割 かいわり) : 조개류를 손질할 때 사용하는 도구
- 가자리기리(飾切 かざりぎり) : 꽃모양 등으로 만드는 썰기의 일종
- 가케(掛 かけ) : 우동이나 메밀국수에 국물만을 넣어 뜨겁게 끓인 요리
- 가쿠니(角煮 かくに) : 나가사키의 요리로 돼지고기를 잘라 쪄서 간장으로 진하게 졸이는 것
- 가쿠자토(角砂糖 かくざと) : 각설탕
- 가쿠즈쿠리(角作 かくづくり) : 사각 주사위 모양으로 썬 생선회
- 가키나베(牡蠣鍋 かきなべ) : 굴을 주재료로 하여 채소를 넣어 익힌 냄비 요리
- 가키아게(搔揚げ かきあげ) : 새우나 오징어, 완두, 당근, 양파 등의 재료를 섞어 튀긴 것
- 가타쿠리코(片栗粉 かたくりこ) : 갈분. 전분
- 간로니(甘露煮 かんろに) : 달게 조리는 것
- 간부쓰(乾物 かんぶす) : 건조식품
- 간즈메(缶詰 かんづぬ) : 통조림
- 간키리(缶切り かんきり) : 통조림을 따는 도구
- 갓빠(河童 かっぱ) : 초밥집 용어로 오이를 뜻한다. 강이나 연못에 산다는 상상의 동물이름인데 오이를 좋아한다하여 붙여진 이름이다.

き
/////////

- 교니쿠(魚肉 ぎょにく) : 생선살
- 교뎅(ぎょでん) : 된장을 조미하여 구운 생선요리
- 교쿠(玉 ぎょく) : 초밥집 용어로 달걀말이를 말한다.
- 규나베(牛鍋 ぎゅうなべ) : 쇠고기 냄비. 스키야키를 말하기도 한다.
- 기모(肝 ぎも) : 요리에 이용되는 동물의 간

- 긴삐라(金平 きんぴら) : 채 썰기 한 재료를 기름에 볶아서 간장, 설탕 등으로 조린 것
- 긴시(金糸 きんし) : 가늘게 썰어 놓은 지단
- 긴통(金団 きんとん) : 감자나 고구마 등을 쪄서 체에 내려 달게 만들어 밤의 형태로 만든 요리

く

- 구다모노(果物 くだもの) : 과일류
- 구시(串 くし) : 꼬치
- 구시야키(串燒 くしあげ) : 꼬치구이
- 구즈기리(切り くずきり) : 칡 전분을 끓여서 식힌 다음 가늘고 길게 잘라 건조한 것
- 구치도리(口取り くちとり) : 다른 음식의 맛을 정확히 느낄 수 있도록 입을 헹구어 내는 요리로 맑은 국 등이 있다.

け

- 게소(不足 げそ) : 오징어 다리. 초밥 재료로 이용한다.
- 게쇼지오(化粧塩 けしょうじお) : 화장소금. 주로 생선에 많이 사용되며 생선을 굽기 직전에 소금을 묻혀 구우면 소금이 굳어 하나의 곁들임 역할을 한다.
- 게시노미(ケシの実 けしのみ) : 양귀비꽃의 씨. 향이 좋아 재료 위에 곁들임으로 뿌리기도 한다.
- 게즈리부리(削り節 けずりぶし) : 정어리, 고등어, 전갱이 등을 디시를 만들기 위해 말려서 얇게 깎아 놓은 것

- 겡(權 けん) : 생선회에 곁들이는 것으로 주로 무가 많이 사용된다.

こ

/////////

- 고가네즈쿠리(こがねづくり) : 계란 노른자를 볶아서 체에 내린 다음 흰살 생선회 위에 뿌려내는 것
- 고나산쇼(粉山椒 こなさんしょう) : 산초가루
- 고나와사비(粉山葵 こなわさび) : 가루와사비
- 고노모노(香物 このもの) : 일본 김치 류
- 고노와타(海鼠腸 このわた) : 해삼 창자 젓
- 고로모(衣 ころも) : 튀김옷
- 고로모아게(衣揚 ころもあげ) : 밀가루 반죽으로 튀김옷을 입혀 만든 튀김 요리
- 고마아부라(胡麻油 ごまあぶら) : 참기름
- 고마토후(胡麻豆腐 ごまとうふ) : 참깨두부
- 고메코지(米麴 こめこうじ) : 쌀의 누룩
- 고모치(子持ち こもち) : 알을 가지고 있는 생선. 또는 인공적으로 그렇게 보이게 만들어진 요리에 붙여진 이름
- 고무기코(小麥粉 こむぎこ) : 밀가루
- 고무베라(ゴムベラ) : 고무주걱
- 고바치(小鉢 こばち) : 일본 코스요리에서 처음 나오는 작은 그릇에 담긴 요리
- 고베우시(神戶牛 こうべうし) : 고베지방의 유명한 쇠고기
- 고세이즈(ごうせいず) : 합성식초
- 고야두후(高夜豆腐 こうやどうふ) : 두부를 얼린 후 말린 것
- 고오리(氷 こおり) : 얼음

- 고이쿠치쇼유(濃口醬油 こいくちしょうゆ) : 진간장. 관동지방에서 진한 색의 간장
- 고차(紅茶 こうちゃ) : 홍차
- 곤냐쿠(崑蒻 こんにゃく) : 구근을 건조시켜 곱게 갈아 한천을 넣고 삶은 다음 틀에 넣어 굳힌 것
- 곤다테(献立 こんだて) : 메뉴
- 곤부다시(昆佈出汁 こんぶだし) : 다시마국물
- 곤부즈시(昆布鮨 こんぶずし) : 다시마로 감싼 초밥
- 곤부지메(昆布締 こんぶじめ) : 다시마로 감싼 생선회

さ
//////////

- 사라(皿 さら) : 접시
- 사라시네기(晒し葱 さらしぬぎ) : 실파를 잘게 썰어서 찬 물에 씻은 것
- 사바즈시(鯖鮨 さばずし) : 고등어 초밥
- 사바쿠(捌く さばく) : 오로시와 같은 의미로 뼈에서 살을 발라내는 작업이다.
- 사비(さび) : 초밥 집 용어로 와사비(고추냉이)를 말한다.
- 사사가키(笹搔 ささがき) : 우엉이나 당근을 연필 깎듯이 가늘고 길게 써는 방법
- 사사라(簓 ささら) : 조리용 대나무 솔
- 사시미(刺身 さしみ) : 생선회
- 사시미가유(刺身粥 さしみがゆ) : 흰살 생선회를 넣고 끓인 죽
- 사시미보우쵸(刺身包丁 さしみぼうちょう) : 생선회칼
- 사시미쇼유(刺身醬油 さしみしょうゆ) : 생선회 간장
- 사이노메기리(賽の目切り さいのめぎり) : 재료를 주사위 모양으로 써는 것

- 사이바시(菜箸 さいばし) : 조리용 또는 모리쓰케(담기)용으로 사용되는 젓가락
- 사이쿄미소(西京味噌 さいきょうみそ) : 사이쿄 지방에 쌀을 주원료로 하여 만든 흰 된장
- 사이쿠즈시(細工鮨 さいくずし) : 세공 초밥. 여러 가지 재료를 이용하여 모양을 낸 초밥
- 사이쿠즈쿠리(細工作 さいくつくり) : 생선회를 썰어 모양을 내는 것
- 사지(匙 さじ) : 숟가락
- 사카무시(酒蒸 さかむし) : 술을 첨가한 찜 요리
- 사케(酒 さけ) : 술
- 사케(鮭 さけ) : 연어
- 사쿠라모치(桜餅 さくらもち) : 벚꽃 잎으로 감싸 찐 떡
- 사쿠라무시(桜蒸 さくらむし) : 벚꽃을 이용한 찜 요리
- 사토우(砂糖 さとう) : 설탕
- 산마이오로시(三枚卸 さんまいおろし) : 세장 뜨기
- 산바이즈(三杯酢 さんばいず) : 식초, 간장, 설탕 등을 혼합한 삼배초

し

- 샤리(舎利 しゃり) : 배합초를 섞은 초밥용 밥
- 샤쿠시(杓子 しゃくし) : 국자
- 쇼가쓰료리(正月料理 しょうがつりょうり) : '오세치료리'라고도 하며 정초에 먹는 요리다.
- 쇼진료리(精進料理 しょうじんりょうり) : 일본의 사찰 요리로 육류나 향신채를 사용하지 않은 요리
- 쇼쿠지(食事 しょくじ) : 식사

- 슌(旬 しゅん) : 식재료의 제철
- 시라아에(白和 しらあえ) : 두부를 체에 걸러 으깬 후 무치는 채소무침요리
- 시라야키(白燒 しらやき) : 생선 등에 아무것도 조미하지 않은 구이요리
- 시라코(白子 しらこ) : 생선의 정소
- 시라타키(白滝 しらたき) : 실 곤약
- 시로미(白身 しろみ) : 흰살 생선
- 시로미소(白味噌 しろみそ) : 흰 된장
- 시루모노(汁物 しるもの) : 국물요리
- 시메사바(締鯖 しめさば) : 소금에 절였다가 식초에 담근 고등어 회
- 시모후리(霜降 しもふり) : 뜨거운 물에 재빨리 데쳐 찬물에 담가 씻는 것
- 시부미(渋味 しぶみ) : 떫은 맛
- 시쇼쿠(試食 ししょく) : 미리 맛을 보는 것
- 시오사바(塩鯖 しおさば) : 자반고등어
- 시오야키(塩燒 しおやき) : 소금구이
- 시오유데(塩茹で しおゆで) : 소금을 넣어 재료를 데치는 방법
- 시오지메(塩締 しおじめ) : 생선을 소금 절임하는 것으로 수분을 없애는 작업이다.
- 시오카라(塩辛 しおから) : 젓갈
- 시이자카나(強肴 しいざかな) : 술안주 요리
- 시치미도우가라시(七味唐辛子 しちみとうがらし) : 고춧가루, 산초열매, 삼씨, 파슬리씨, 깨, 귤껍질 등 7가지를 거칠게 다져서 섞은 일본식 향신료
- 시코미(仕込 しこみ) : 요리를 시작하기 전에 재료의 밑손질 등 여러 준비를 하는 것
- 시타아지(下味 したあじ) : 조리 전 재료를 향신료나 양념에 미리 담가두는 것
- 싱코(新香 しんこう) : 계절의 야채를 소금에 절인 절임요리

- 쟈바라기리(蛇腹切 じゃばらぎり) : 재료의 앞, 뒷면에 사선으로 칼집을 넣어 잘리지 않고 길게 늘어나게 만드는 칼질 방법
- 지가미기리(地紙切 じがみぎり) : 부채모양 썰기

す
//////////

- 스(酢 す) : 식초
- 스가타(姿 すがた) : 재료를 원형 그대로의 모습으로 요리한 것
- 스가타즈시(姿鮨 すがたずし) : 내장을 제거한 생선을 소금과 초로 절여서 간을 한 밥을 뱃속에 채워 넣은 초밥
- 스노모노(酢物 すのもの) : 초회
- 스니(酢煮 すに) : 식초를 넣어 만든 초 절임요리
- 스다레(簾 すだれ) : 대나무 김발
- 스다코(酢蛸 すだこ) : 삶은 문어를 식초에 담근 것
- 스루메(鯣 するめ) : 말린 오징어
- 스리미(擂身 すりみ) : 흰살 생선을 갈아서 어묵을 만들 때 사용하는 으깬 어육
- 스리바치(擂鉢 すりばち) : 재료를 갈 때 사용하는 절구
- 스리코기(擂粉木 すりこぎ) : 재료를 으깰 때 사용하는 나무막대
- 스마시지루(澄し汁 すましじる) : 맑은 국물요리로 소금과 간장으로 조미한 것
- 스보시(素干し すぼし) : 어패류를 조미하지 않은 채로 말린 것
- 스쇼가(酢生薑 すしょうが) : 초 생강. 생강을 얇게 썰어 데쳐서 아마스(단초물)에 담근 것
- 스시(壽司, 鮨 すし) : 초밥
- 스시다네(鮨種 すしだね) : 초밥에 사용되는 주재료 또는 생선을 초밥용으

로 잘라 놓은 것

- 스아게(素揚げ すあげ) : 재료에 튀김옷을 입히지 않고 그대로 튀겨낸 튀김 요리
- 스아라이(酢洗い すあらい) : 흰살 생선 또는 조개류 등을 식초에 씻는 행위
- 스이구치(吸い口 すいくち) : 맑은 국에 넣는 향미료. 산초 잎, 유자, 레몬 등이 있다.
- 스이모노(吸物 すいもの) : 맑은 국으로 술자리에 내는 국물요리이다
- 스이지(吸地 すいじ) : 싱겁게 간을 한 맑은 국
- 스키야키(鋤焼 すきやき) : 전골냄비
- 슷폰나베(鼈鍋 すっぽんなべ) : 자라냄비

せ
///////////

- 세이로(蒸籠 せいろ) : 나무 찜통
- 세이쇼쿠(生食 せいしょく) : 날로 먹는 것
- 센기리(千切 せんぎり) : 채소를 가늘게 자르는 방법
- 센록본기리(六本千 せんろっぽんぎり) : 성냥개비 정도 두께로 써는 것
- 센베이(煎餅 せんべい) : 밀가루나 쌀가루로 만든 마른 과자류
- 센차(煎茶 せんちゃ) : 달인엽차
- 젠사이(前菜 ぜんさい) : 일식 코스요리 중 하나로 입맛을 돋우기 위한 에피타이저

そ
///////////

- 소기기리(削切 そぎぎり) : 생선회 등을 비스듬히 자르는 방법

- 소멘(素麵 そうめん) : 실국수
- 소바(蕎麦 そば) : 메밀
- 소바다시(蕎麦出汁 そばだし) : 메밀국수를 담가 먹는 국물소스
- 소보로(そぼろ) : 생선이나 닭고기를 갈아 볶아서 만든 것
- 소에구시(添串 そえぐし) : 생선구이에 사용되는 꼬챙이
- 소토비키(外引 そとびき) : 생선껍질을 제거하는 방법
- 죠우니(雑煮 ぞうに) : 떡국

た
///////////

- 다네(種 たぬ) : 요리재료
- 다라노메(楤の芽 たらのめ) : 참두릅
- 다라코(鱈子 たらこ) : 대구 알
- 다레(垂 たれ) : 양념장
- 다마고도후(玉子豆腐 たまごどうふ) : 달걀을 두부처럼 부드럽게 만든 것
- 다마고마키(卵巻 たまごまき) : 달걀말이
- 다마고마키나베(卵巻鍋 たまごまきなべ) : 달걀말이 팬
- 다마고자케(卵酒 たまござけ) : 달걀과 설탕을 넣고 만든 술
- 다시마키(出汁巻 だしまき) : 달걀말이
- 다이묘오로시(大名卸 だいみょうおろし) : 생선의 머리쪽부터 꼬리쪽으로 베어내는 방법으로 가다랭이나 작은 생선의 처리방법을 말한다.
- 다이즈유(大豆油 だいずゆ) : 콩기름
- 다이즈코(大粉豆 だいずこ) : 콩가루
- 다이콘오로시(大根卸 だいこんおろし) : 무즙
- 다키아와세(抱き合わせ たきあわせ) : 한 개의 그릇에 2가지 이상의 조림 요리를 함께 담은 것

- 다테구시(縱串 たてぐし) : 생선을 머리에서 꼬리까지 일자가 되게 꽂은 것
- 다테마키(伊達卷 だてまき) : 흰 살 생선을 갈아 두껍게 부친 달걀말이
- 다테마키즈시(伊達卷鮨 だてまきずし) : 달걀말이 초밥
- 다테시오(立塩 たてしお) : 소금 맛을 재료에 들이는 작업
- 단스이교(淡水魚 たんすいぎょ) : 민물고기
- 단자쿠기리(短冊切り たんざくぎり) : 폭 5cm, 높이 1cm 정도로 작게 자른 것
- 타이야키(鯛燒 たいやき) : 밀가루에 팥을 넣어 구운 도미모양 과자
- 타즈나즈시(手網鮨 たづなすし) : 김발에 랩을 깔고 재료를 길게 올려 말은 초밥
- 타코야키(蛸燒 たこやき) : 문어를 밀가루와 여러 양념을 넣고 틀에 구운 요리
- 타코히키(蛸引 たこひき) : 관동형의 끝이 사각으로 된 생선회용 칼
- 타타키(叩 たたき) : 재료를 다진 것. 생선을 겉만 구워낸 생선회
- 타타키나마스(叩膾 たたきなます) : 가다랑어 등을 다져 된장, 파, 채소 등으로 버무린 것
- 타타키아게(叩揚 たたきあげ) : 재료를 다져 동그랗게 튀겨낸 요리

ち
////////

- 자센기리(茶筅切 ちゃせんぎり) : 채소를 빗살무늬 모양으로 조각한 것
- 쟈킨즈시(茶巾鮨 ちゃきんずし) : 지단이나 생선으로 얇게 둥글게 만 초밥
- 지라시즈시(散らし鮨 ちらしずし) : 초밥 위에 생선회, 달걀말이, 채소, 오보로 등을 얹어놓은 것. 일본식 회덮밥
- 지리나베(ちり鍋 ちりなべ) : 고춧가루가 들어가지 않은 맑은 냄비요리
- 지아이(血合 ちあい) : 피맺힘 부위

- 챠완(茶椀 ちゃわん) : 밥, 국, 차 등을 담는 자기그릇
- 챠완무시(茶椀蒸 ちゃわんむし) : 달걀찜
- 챠즈케(茶漬 ちゃずけ) : 녹차에 밥을 말아 먹는 일본요리
- 챠카이세키(茶懷石料理 ちゃかいせき) : 차 회석요리

- 쯔기미토로로(月見薯蕷 つきみとろろ) : 산마 즙에 달걀노른자를 얹어낸 것
- 쯔끼다시(突出 つきだし) : 먼저 내는 간단한 마른안주류
- 쯔루시기리(吊し切 つるしぎり) : 매달아 놓고 자르는 것. 주로 아귀 손질 시 사용
- 쯔마(妻 つま) : 생선회 등에 곁들이는 것. 무, 오이, 당근 등 채소나 해조 류를 주로 사용한다.
- 쯔마미(摘 つまみ) : 마른안주
- 쯔보야키(壺燒 つぼやき) : 소라 살을 빼서 내장을 제거한 후 죽순, 표고, 어묵, 미쯔바 등을 채 썰어 간을 하여 다시 껍질에 넣고 구운 요리
- 쯔유(汁 つゆ) : 맑은 장국
- 쯔케모노(漬物 つけもの) : 절임류
- 쯔케야키(付燒 つけやき) : 꼬챙이를 이용해 소스를 바르며 굽는 구이요리
- 쯔쿠다니(佃煮 つくだに) : 어패류, 해초류 등을 설탕이나 간장에 조린 반 찬
- 쯔쿠리(作 つくり) : 생선회

て

- 데리니(照煮 てりに) : 윤기가 나도록 조린 요리
- 데리야키(照燒 てりやき) : 데리를 발라가며 굽는 구이요리
- 데바보초(出刀包丁 でばぼうちょう) : 생선이나 육류를 손질하는 두꺼운 칼
- 데바카리(手秤 てばかり) : 눈짐작 또는 손 감각으로 분량을 조절하는 것
- 데비라키(手開 でびらき) : 생선의 내장을 손을 이용하여 제거하는 것
- 데우치(手打 てうち) : 수타. 우동, 소바 등을 손으로 만든 것
- 데이쇼쿠(定食 ていしょく) : 정식요리
- 데즈(手酢 てず) : 초밥을 만들 때 손에 적시는 물
- 덴가쿠미소(田樂味噌 でんがくみそ) : 된장에 미림, 설탕을 섞어 으깨고 체에 걸러서 살짝 끓인 것
- 덴돈(天丼 てんどん) : 튀김덮밥
- 덴모리(天盛り てんもり) : 고명. 그릇에 담은 재료 위에 또 다시 소량의 재료를 올려 장식하는 것
- 덴쓰유(天汁 てんつゆ) : 튀김을 찍어 먹는 소스
- 덴카스(天かす てんかす) : 튀김을 튀길 때 떨어진 튀김옷
- 덴푸라(天婦羅 てんぷら) : 튀김
- 뎃사(鐵刺 てっさ) : 복어 회
- 뎃치리(てっちり) : 복어 냄비요리
- 뎃카마키(鐵火卷 てっかまき) : 붉은 살 참치를 넣어 가늘게 만 초밥
- 뎃판야키(鐵板燒 てっぱんやき) : 철판구이
- 뎃포마키(鐵砲卷 てっぽまき) : 참치와 박고지, 오보로 등을 넣고 말아서 긴 채로 먹는 초밥의 일종

と

- 도나베(土鍋 どなべ) : 토기 냄비
- 도로(トロ) : 참치 뱃살로 기름이 많고 최고의 맛을 자랑한다.
- 도로로(薯蕷 とろろ) : 산마 즙
- 도로로소바(薯蕷蕎麦 とろろそば) : 소바다시에 산마 즙을 넣어 같이 먹는 것
- 도로로지루(薯蕷汁 とろろじる) : 산마 즙을 넣은 장국
- 도로로콘부(薯蕷昆布 とろろこんぶ) : 가늘게 썬 다시마로 만든 식품
- 도리니쿠(鶏肉 とりにく) : 닭고기
- 도메완(止椀 とめわん) : 요리의 가장 끝에 먹는 국물요리. 주로 된장국이 있다.
- 도묘지아게(道明寺揚げ どうみょうじあげ) : 찹쌀을 쪄서 말린 것을 묻혀 튀긴 요리
- 도빈무시(土瓶蒸し どびんむし) : 주전자 찜
- 도이시(砥石 といし) : 숫돌
- 도코로텐(心太 ところてん) : 우뭇가사리를 끓여 녹이고 식혀서 굳힌 것
- 도테나베(土手鍋 どてなべ) : 굴 냄비요리
- 도후(豆腐 とうふ) : 두부
- 돈부리(丼 どんぶり) : 덮밥
- 돈소쿠(豚足 とんそく) : 돼지 족발
- 돗쿠리(德利 とっくり) : 청주를 뜨겁게 담아 먹는 작은 술병

な

- 나가시바코(流し箱 ながしばこ) : 굳힘 틀

- 나나메기리(斜切 ななめぎり) : 어슷썰기
- 나노하나(菜の花 なのはな) : 유채꽃
- 나라즈케(奈良漬 ならづけ) : 무나 채소를 소금 절임을 한 것으로 술지게미에 절여 만든다.
- 나레즈시(熟れ鮨 なれずし) : 소금 절임을 한 생선을 간을 한 밥과 같이 발효시켜 만든 초밥
- 나마구사(生臭 なまぐさ) : 생선 등의 비린내
- 나메코(滑子 なめこ) : 나도팽나무 버섯
- 나베(鍋 なべ) : 냄비
- 나베모노(鍋物 なべもの) : 냄비요리
- 난반료우리(南蛮料理 なんばんりょうり) : 중국풍의 요리로 포르투갈과 스페인의 영향을 받았다.
- 낫토(納頭 なっとう) : 콩으로 만든 일본의 발효음식으로 우리나라 청국장과 흡사하다.

に

- 니기리즈시(握鮨 にぎりずし) : 쥠 초밥. 우리가 흔히 먹는 모양의 초밥
- 니마메(煮豆 にまめ) : 콩자반
- 니마이오로시(二枚卸 にまいおろし) : 생선의 한쪽 부분만 포를 뜨는 방법
- 니모노(煮物 にもの) : 조림 요리
- 니반다시(二番出汁 にばんだし) : 첫 번째 국물을 우려내고 남은 재료를 이용하여 만든 국물
- 니보시(煮干し にぼし) : 멸치, 정어리, 작은 새우 등을 쪄서 말린 것
- 니시메(煮染 にしめ) : 색이 들 수 있도록 재료를 조리는 것
- 니코고리(凝 にこごり) : 생선의 젤라틴을 이용하여 만든 굳힘 요리

- 니쿠단고(肉団子 にくだんご) : 고기경단
- 니쿠타타키(肉叩 にくたたき) : 육질을 연하게 할 때 두드리는 기구
- 니키리(煮切 にきり) : 알코올 성분이 있는 미림이나 술을 끓여서 증발시키는 것
- 니하이즈(二杯酢 にはいず) : 이배초. 간장과 식초를 같은 양으로 한 것
- 니혼료리(日本料理 にほんりょうり) : 일본요리
- 니혼슈(日本酒 にほんしゅ) : 일본 술

ぬ
/////////

- 누카(糠 ぬか) : 일반적으로 쌀겨를 말한다.

ね
/////////

- 네리모노(練物 ねりもの) : 굳힘 요리
- 네지우메(捻梅 ねじうめ) : 매화 열매 모양으로 자르는 방법

の
/////////

- 노리마키(海苔卷 のりまき) : 김초밥
- 노미모노(飲み物 のみもの) : 마실 수 있는 음료나 술
- 노시구시(伸串 のしぐし) : 구부러지기 쉬운 재료를 일자 모양을 유지하고 싶을 때 꼬챙이를 꽂는 방법

は

- 바니쿠(馬肉 ばにく) : 말고기, 승마용이나 경작용으로 사용하던 늙은 말을 도살하여 그 고기를 사쿠라니쿠 라고도 한다. 냄새가 있어 된장, 생강, 파 등을 넣는다.
- 바라니쿠(腹肉 ばらにく) : 삼겹살
- 바라즈시(腹鮨鮹 ばらずし) : 지라시스시라 하며 일본식 회덮밥
- 바이니쿠(梅肉 ばいにく) : 매실을 체에 걸러 조미하여 살짝 끓여 색소로 물을 들인 것
- 하루사메(春雨 はるさめ) : 당면
- 하리기리(針切 はりぎり) : 바늘처럼 가늘게 써는 것
- 하리노리(針海苔 はりのり) : 김을 가늘게 채썰기 한 것
- 하리쇼가(針生薑 はりしょうが) : 가늘게 썬 생강
- 하시(箸 はし) : 젓가락
- 하지카미(薑 はじかみ) : 생강
- 하케(刷毛 はけ) : 조리용 붓
- 하코즈시(箱鮨 はこずし) : 사각 틀에 눌러 만든 초밥
- 한게쓰기리(半月切 はんげつぎり) : 반달모양으로 자르는 방법
- 한다이(板台 はんだい) : '한기리'라고도 하며 초밥을 비빌 때 사용한다.
- 핫포다시(八方出汁 はっぽうだし) : 조리용 국물

ひ

- 효시키기리(拍子木折 ひょしきぎり) : 길이 5cm, 폭 1cm 정도의 사각막대 모양으로 써는 방법
- 히라즈쿠리(平作 ひらづくり) : 생선회를 써는 방법으로 위에서 아래로 당

겨 약간 두껍게 써는 방법으로 참치나 방어 등 두툼한 생선에 주로 사용한
다.

- 히레자케(鰭注 ひれざけ) : 생선의 지느러미를 말린 다음 구워서 넣어 먹는
  술
- 히모(紐 ひも) : 조개류 등에 양 끝에 달린 지느러미 같은 약간 단단한 살
- 히야시소멘(冷素麵 ひやしそうめん) : 찬 소면
- 히이레(火入れ ひいれ) : 음식의 변질을 막기 위해 재가열하는 것
- 히카리모노(光物 ひかりもの) : 등푸른 생선의 총칭
- 히키기리(引切 ひきぎり) : 생선회를 써는 방법 중 하나로 짧고 힘 있게 당
  겨 써는 방법
- 히키니쿠(挽肉 ひきにく) : 민찌고기

ふ
//////////

- 부도마메(葡萄豆 ぶどまめ) : 단맛의 콩 조림
- 후구나베(河豚鍋 ふぐなべ) : 복어냄비 = 뎃지리
- 후구사시미(河豚刺 ふぐさしみ) : 복어 회 = 뎃사
- 후나즈시(鮒鮨 ふなずし) : 붕어 초밥
- 후리시오(振塩 ふりしお) : 소금을 뿌리는 행위
- 후차료리(普茶料理 ふちゃりょうり) : 중국식의 채소를 이용한 요리
- 후쿠메니(含煮 ふくめに) : 간을 약하게 하여 장시간 끓인 조림요리
- 후키요세(吹寄 ふきよせ) : 바람에 모아진 나뭇잎 느낌을 갖게 하는 요리
- 후토마키즈시(太巻鮨 ふとまきずし) : 굵게 만 김초밥

へ

- 밧테라(バッテーラ) : 밧테라는 포르투갈어로서 보트를 말하는데 생김새가 보트와 닮았다 하여 붙여졌으며 교토에서 말하는 사바스시(고등어 초밥)를 뜻한다.
- 베니쇼가(紅生薑 べにしょうが) : 생강의 뿌리 부분을 초절임한 것
- 벤토(弁当 べんとう) : 도시락
- 벳타라즈케(べったらつけ) : 무를 누룩에 절인 절임류

ほ

- 폰즈(ポン酢 ぽんず) : 초간장으로 지리나 각종 요리의 소스 등으로 사용되기도 한다.
- 호네누키(骨拔 ほねぬき) : 생선의 가시를 뽑을 때 쓰는 도구
- 호소마키즈시(細卷鮨 ほそまきずし) : 김을 반장만 사용하여 가늘게 만 김초밥
- 호시아와비(干鮑 ほしあわび) : 말린 전복
- 혼젠료리(本膳料理 ほんぜんりょうり) : 일본의 의례용 요리

ま

- 마나바시(眞魚箸 まなばし) : 생선 손질시 사용하는 젓가락
- 마나이타(俎板 まないた) : 요리를 만들 때 사용하는 나무도마를 말한다.
- 마루니(丸煮 まるに) : 재료를 통째로 끓이거나 졸이는 것
- 마루아게(丸揚げ まるあげ) : 닭, 생선 등을 통째로 튀기는 것
- 마메미소(豆味噌 まめみそ) : 콩 된장

- 마사고아게(眞砂揚げ まさごあげ) : 재료에 작은 크기의 알갱이를 묻힌 튀김요리
- 마사고아에(眞砂和 まさごあえ) : 작은 크기의 알을 다른 재료에 섞어 만드는 무침요리
- 마쓰노미(松の實 まつのみ) : 잣
- 마쓰바아게(松葉揚げ まつばあげ) : 건 메밀국수를 1cm 정도로 잘라 다른 재료에 묻혀 튀긴 요리
- 마쓰카사다이(松毬鯛 まつかさだい) : 도미를 껍질째 끓는 물에 데친 것
- 마쓰카사이카(松毬烏賊 まつかさいか) : 오징어에 비스듬히 칼집을 넣어 데친 것
- 마쓰카와즈쿠리(松皮作り まつがわつくり) : 도미를 껍질째 썰어 낸 생선회
- 마츠바기리(松葉切り まつばぎり) : 솔잎처럼 가늘게 써는 법
- 마츠바야키(松葉燒 まつばやき) : 송이버섯이나 은행, 흰살 생선 등을 종이나 호일로 말아서 굽는 것
- 마쿠노우치(幕の內 まくのうち) : 연극의 막간에 먹는 도시락을 뜻한다.
- 마키스(卷簾 まきす) : 김발
- 맛차(抹茶 まっちゃ) : 가루 녹차

み
///////////

- 미소니(味噌煮 みそに) : 된장조림
- 미소시루(味噌汁 みそしる) : 된장국
- 미소즈케(味噌付 みそづけ) : 된장 절임
- 미쓰바(三葉 みつば) : 세 개의 잎으로 된 채소. 파드득 나물
- 미즈(水 みず) : 물

- 미즈가시(水菓子 みずがし) : 과일을 말한다.
- 미즈아메(水飴 みずあめ) : 물엿
- 미진기리(微塵切り みじんぎり) : 재료를 잘게 다지는 것
- 미진코(微塵粉 みじんこ) : 찹쌀을 쪄서 건조시켜 가루로 만든 것
- 미진코아게(微塵粉揚 みじんこあげ) : 미진코를 묻혀 튀긴 튀김요리

む
///////////

- 무기미소(麥味噌 むぎみそ) : 보리를 넣어 숙성시킨 된장
- 무시모노(蒸物 むしもの) : 찜 요리
- 무시야키(蒸燒 むしやき) : 오븐에 구운 구이요리
- 무시키(蒸器 むしき) : 찜통
- 무코우이타(向板 むこういた) : 생선을 취급하는 곳
- 무코우즈케(向付 むこうつけ) : 회석요리에서 나오는 생선회

め
///////////

- 메네기(芽葱 めぬぎ) : 파의 싹
- 메다마야키(目玉燒 めだまやき) : 달걀부침
- 메시(飯 めし) : 식사, 밥
- 메우치(目打 めうち) : 조리용 송곳
- 멘루이(麵類 めんるい) : 면 종류
- 멘타이고(明太子 めんたいこ) : 명란젓
- 멘토리(面取り めんとり) : 무 등의 면을 부드럽게 다듬는 일

も

- 모도스(戻す もどす) : 말린 재료를 불려 놓는 일
- 모리소바(盛り蕎麦 もりそば) : 메밀국수
- 모리쓰케(盛り付 もりつけ) : 주 요리를 담고 장식하는 것
- 모리아와세(盛合 もりあわせ) : 여러 요리를 한군데로 모아 놓은 것
- 모미노리(揉海苔 もみのり) : 구운 김을 먹기 좋게 부숴 놓은 것
- 모미지오로시(紅葉卸 もみじおろし) : 빨간 무즙
- 모치(餅 もち) : 찰떡
- 모치코(餅粉 もちこ) : 찹쌀가루

や

- 야사이(菜蔬 やさい) : 채소
- 야쿠미(薬味 やくみ) : 넓은 의미로 향신료를 말한다. 완성된 요리에 맛과 향을 더하기 위해 첨가하는 것
- 야키메시(燒飯 やきめし) : 볶음밥
- 야키모노(燒物 やきもの) : 구이요리
- 야키소바(燒蕎麦 やきそば) : 메밀볶음
- 야키시모(燒霜 やきしも) : 겉부분만 살짝 구운 생선회
- 야키아미(燒網 やきあみ) : 석쇠
- 야키토리(燒鳥 やきとり) : 닭 꼬치구이

ゆ

- 유데루(茹でる ゆでる) : 데치기
- 유바(湯葉 ゆば) : 두유를 끓일 때 표면에 뜨는 막을 건져서 말린 것
- 유비키(引湯 ゆびき) : 생선의 껍질에 뜨거운 물을 부어 식혀 만든 생선회
- 유안야키(幽庵燒 ゆあんやき) : 간장과 미림, 술을 이용하여 재료를 담갔다가 굽는 방법

よ

- 요세나베(寄せ鍋 よせなべ) : 계절의 재료를 모아 다시에 조리면서 먹는 냄비요리
- 요세모노(寄せ物 よせもの) : 흰살 생선을 갈아 가공한 식품
- 요우캉(羊羹 ようかん) : 양갱

ら

- 란기리(亂切 らんぎり) : 재료를 돌려가며 어슷하게 써는 방법
- 료쿠차(綠茶 りょくちゃ) : 녹차
- 링고슈(林檎注 りんごしゅ) : 사과주

わ

- 와기리(輪切 わぎり) : 둥근 모양의 재료를 길게 놓고 써는 것
- 와쇼쿠(和食 わしょく) : 일본요리
- 와카사기(公魚 わかさぎ) : 빙어

- 완(椀 わん) : 요리를 담는 그릇
- 완다네(椀種 わんだね) : 맑은 국에 사용되는 주재료
- 완모리(椀盛 わんもり) : 맑은 국
- 완쯔마(椀妻 わんつま) : 국물요리에 올리는 채소

참고문헌

구본호, 기초 일본요리, 백산출판사, 2008

네이버 지식백과

두산백과

설성수, 일본요리 용어 사전, 다형출판사, 1999

오혁수, 일본요리 백산출판사, 2007

위키백과

이훈희

초당대학교 조리과학과 졸업(석사)

현장경력
일식당 마쓰야마 근무
르네상스 서울호텔 일식부 근무

사회활동
(사)한국외식산업경영학회 이사
(사)조리기능인협회 상임이사
대한민국 국제요리경연대회 심사위원
푸드앤테이블웨어박람회 심사위원
향토식문화대전 심사위원

기타 경력사항
동원대학 호텔조리과 외래교수
한국호텔전문학교 외래교수
신안산대학 호텔외식경영학과 외래교수
서울국제조리학교&학원전 쿠킹 콘서트 시연 초빙
전국해산물요리 경연대회 참치 해체 시연 초빙
채널A 먹거리 X파일, MBC 글로벌 일자리 프로젝트 세계를 보라, 국군방송 등 출연
안산시 위생모범업소 선정 심사위원

논문 및 저서
호텔구매부서의 내부서비스 품질이 조리부서 종사원들의 서비스 몰입에 미치는 영향에 관한 연구
  (2010, 초당대학교)
꼭 알아야 할 기초 일식조리
기초 일식조리
메뉴관리론
세계의 음식문화

수상경력
대한민국 국제요리경연대회 국회 보건복지위원장상
2010 대한민국 국제요리경연대회 금상, 식약청장상
2011 대한민국 국제요리경연대회 한국관광공사 사장상
2013 대한민국 국제요리경연대회 지도자상
푸드앤테이블웨어박람회 최우수지도자상
향토식문화내선 교육부장관상 등

現) 한국호텔관광전문학교 호텔조리과 교수

기초일식조리

2018년 3월 10일 초 판 1쇄 발행
2020년 2월 25일 개정판 2쇄 발행

지은이 이훈희
펴낸이 진욱상
펴낸곳 (주)백산출판사
교 정 편집부
본문디자인 강정자
표지디자인 오정은

저자와의
합의하에
인지첩부
생략

등 록 2017년 5월 29일 제406-2017-000058호
주 소 경기도 파주시 회동길 370(백산빌딩 3층)
전 화 02-914-1621(代)
팩 스 031-955-9911
이메일 edit@ibaeksan.kr
홈페이지 www.ibaeksan.kr

ISBN 979-11-89740-25-2 93590
값 19,000원